活页式数字融合教材

数 字 测 图

主 编 王伟娜 杨 丽

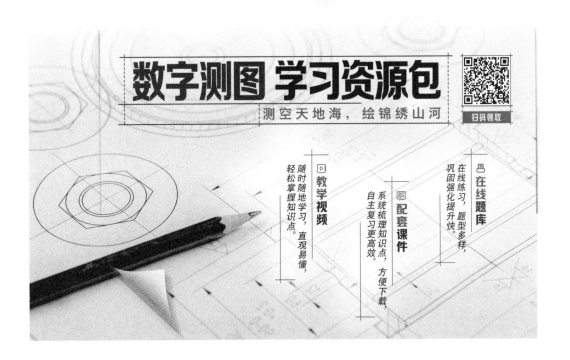

武汉理工大学出版社

·武 汉·

内 容 简 介

本书坚持理论与实践相结合,根据完成大比例尺数字测图所需的基本理论和方法,将内容划分为数字测图工作准备、数字测图外业数据采集、数字测图内业成图、数字地形图检查验收与技术总结、大比例尺数字测图综合案例等五个工作项目。本书为活页式教材,既体现教材内容动态性和使用方式灵活性"活页"特点,也通过在教材中嵌入二维码的形式将数字资源与活页式教材进行有效连接。

本书可供高职高专测绘工程技术、工程测量技术、测绘地理信息技术等测绘类专业教学使用,也可供其他相关专业的师生和从事地形勘测的各类技术人员参考。

图书在版编目(CIP)数据

数字测图 /王伟娜,杨丽主编.—武汉:武汉理工大学出版社,2024.4
ISBN 978-7-5629-7024-8

Ⅰ.①数… Ⅱ.①王… ②杨… Ⅲ.①数字化测图 Ⅳ.①P231.5

中国国家版本馆 CIP 数据核字(2024)第 060709 号

项目负责人:彭佳佳   责 任 编 辑:彭佳佳
责 任 校 对:夏冬琴   排 版 设 计:正风图文
出 版 发 行:武汉理工大学出版社
地　　　址:武汉市洪山区珞狮路 122 号
邮　　　编:430070
网　　　址:http://www.wutp.com.cn
经　　　销:各地新华书店
印　　　刷:武汉市洪林印务有限公司
开　　　本:787mm×1092mm　1/16
印　　　张:10.5
字　　　数:268 千字
版　　　次:2024 年 4 月第 1 版
印　　　次:2024 年 4 月第 1 次印刷
定　　　价:49.00 元

前　言

　　"数字测图"是工程测量技术专业、测绘地理信息技术专业及相关专业的一门专业核心课,对学生职业素养的培养起着重要作用,为培养适应行业需求,能应用所学地形图的基本理论、基本知识和基本操作技能进行数字地形图测绘的高素质技术技能人才提供理论与技术支撑。

　　本书的编写遵循以职业能力培养为导向,以数字测图的工作过程为主线,涵盖数字测图工作准备、外业数据采集、内业成图、数字地形图检查验收与技术总结、大比例尺数字测图综合案例等五个工作项目。本书在编写过程中,充分吸收了以往高职高专数字测图教材的优点,紧密联系现阶段测绘地理空间数据获取与处理,按照测绘生产单位对职业院校毕业生的具体要求,并结合测绘生产现状,同时也考虑了学校的测绘设备和测绘软件的使用情况,使本教材不仅可以满足工程测量技术专业、测绘地理信息技术专业的教学情况,也可适应现阶段高等职业技术教育的要求。

　　本书为活页式教材,既体现教材内容动态性和使用方式灵活性"活页"特点,又通过在教材中嵌入二维码的形式将数字资源与活页式教材进行有效连接,可实现活页式教材的内容拓展,还可及时更新或快速补充教材内容,增加最新动向和热点,删除过时的知识点,持续保持活页式教材的"活"。

　　本书由王伟娜(上海城建职业学院)和杨丽(上海建设管理职业技术学院)担任主编,王小清(上海建设管理职业技术学院)、李张华(上海建设管理职业技术学院)、马志泉(上海城建职业学院)、雷婉南(上海建设管理职业技术学院)参编。编写人员及分工如下:项目一由王小清编写;项目二和项目三由杨丽、李张华编写;项目四由雷婉南编写;项目五由王伟娜、马志泉编写。本书中的数字化教学资源由王伟娜负责制作,全书由杨丽、王伟娜统稿。

　　本书在编写过程中,参阅了大量文献,包括《1∶500 1∶1000 1∶2000 外业数字测图规程》(GB/T 14912—2017)、《国家基本比例尺地图图式 第 1 部分∶1∶500 1∶1000 1∶2000 地形图图式》(GB/T 20257.1—2017)、《国家三、四等水准测量规范》(GB/T 12898—2009)、《全球定位系统(GPS)测量规范》(GB/T 18314—2009)等。

　　鉴于编者水平有限,书中不妥和不足之处恳请读者批评指正。

编者

2023 年 8 月于上海

目　　录

项目一
数字测图工作准备

 **项目概述**

　　数字测图是一项艰巨而复杂的工作任务,因此合理组织、计划、安排好生产前的准备工作,对提高成果质量和提高工作效率都有着积极的意义。

　　数字测图最终的产品是数字地形图,何谓地形图? 地形图是按照一定的数学法则,运用符号系统表示地表上的地物、地貌平面位置及基本的地理要素且高程用等高线表示的一种普通地图。

　　地球表面复杂多样的形体,归纳起来可分为地物和地貌两大类。凡地面各种固定性的物体,如道路、房屋、铁路、江河、湖泊、森林、草地及其他各种人工建筑物等,均称之为地物。地表面的各种高低起伏形态,如高山、深谷、陡坎、悬崖峭壁和雨裂冲沟等,都称之为地貌。地形是地物和地貌的总称。

　　地形图的内容丰富,归纳起来大致可分为三类:数学要素,如比例尺、坐标格网等;地形要素,即各种地物、地貌;注记和整饰要素,包括各类注记、说明资料和辅助图表。

　　地形图识读的一般原则是先图外后图内、先地物后地貌、先注记后符号、先主要后次要。图廓外注记识读,包括图号、图名和邻接图表、比例尺、图幅范围、坐标系统、高程系统、测图年月和测图单位、图的新旧等;地物符号的识读主要根据地形图图式进行判读,包括测量控制点、居民地、工矿企业建筑、独立地物、道路、管线和垣栅、水系及其附属设施、植被的分布、境界等;地貌的识读主要根据地形图上的等高线进行判读,主要包括:地面坡度的变化,地势起伏的大体趋势,是否有山头、鞍部、山脊、山谷及其大致走向等。

　　地形图应用于广泛的领域,如国土整治、资源勘查、城乡建设、交通规划、土地利用、环境保护、工程设计、矿藏采掘、河道整理等,可在地形图上获取详细的地面现状信息。在国防和科研方面,更具有重要用途。数字化地形图使地形图在管理和使用上体现出图纸地形图所无法比拟的优越性。因此,正确全面地识读地形图,对于测量专业的学生来说,是一项必须掌握的技能。

 **项目目标**

1. 能识读典型地物符号。
2. 能识读地貌符号。
3. 能综合识读地形图。
4. 会编写大比例尺数字测图技术设计书。

任务1.1 识读地形图

图 1-1 所示为例图。

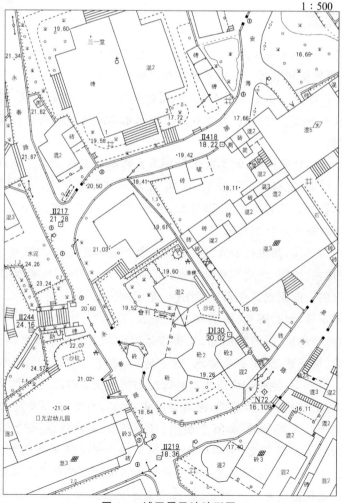

图 1-1 城区居民地地形图

子任务 1　识读地物符号

【任务描述】

鉴于地形图中地物及地貌占据了绝大部分的篇幅,且图廓外注记识读较容易,本项目优先介绍地物、地貌的识读方法,而后介绍其他信息的识读。

为便于测图和用图,用各种符号将实地的地物和地貌在图上表示出来,这些符号总称为地形图图式(GB/T 20257.1—2017)。图式是由国家统一制定的,它是测绘和使用地形图的重要依据和标准。地形图图式中的符号有三种:地物符号、地貌符号、注记符号。通过本任务的学习,学生能够正确识读各类典型地物符号。

【任务实施】

通过学习地物符号的分类,掌握各类地物的表示方法;通过对地形图图式标准的统一学习,正确规范识读典型地物符号。

地物的类别、形状、大小及其在图上的位置,是用地物符号表示的。根据地物的大小及描绘方法不同,**地物符号**可分为依比例符号、半依比例符号、非依比例符号及地物注记。

地物在地形图上表示的原则是:凡能按比例尺表示的地物,则将它们的水平投影位置的几何形状依照比例尺描绘在地形图上,如房屋、双线河等,或将其边界位置按比例尺表示在图上,边界内绘上相应的符号,如果园、森林、耕地等;不能按比例尺表示的地物,用相应的地物符号表示在地物的中心位置上,如水塔、烟囱、纪念碑等;凡是长度能按比例尺表示,而宽度不能按比例尺表示的地物,则其长度按比例尺表示,宽度以相应符号表示。

地物测绘必须根据规定的比例尺,按规范和图式的要求,进行综合取舍,将各种地物表示在地形图上。

1. 依比例符号

凡按照比例尺能将地物轮廓缩绘在图上的符号称为依比例符号,如房屋、江河、湖泊、森林、果园等。这些符号与地面上实际地物的形状相似,可以在图上量测地物的面积。图 1-2 所示为依比例符号示例。

依比例符号能全面反映地物的主要特征、大小、形状及位置。当用依比例符号仅能表示地物的形状和大小,而不能表示出其类别时,应在轮廓内加绘相应符号,以指明其地物类别。

2. 半依比例符号

凡长度可按比例尺缩绘,而宽度不能按比例尺缩绘的狭长

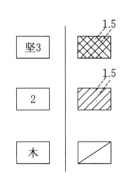

图 1-2　依比例符号示例

地物符号，称为半依比例符号，也称线性符号，如道路、河流、通信线以及管道等。半依比例符号的中心线即为实际地物的中心线。这种符号可以在图上测量地物的长度，但不能测量其宽度。图 1-3 所示为半依比例符号示例。

3. 非依比例符号

当地物的轮廓很小或无轮廓，以致不能按测图比例尺缩小，但因其重要性又必须表示时，可不管其实际尺寸，均用规定的符号表示。这类地物符号称为非依比例符号，如测量控制点、独立树、里程碑、钻孔、烟囱等。图 1-4 所示为非依比例符号示例。

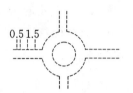

0.5
1.5

图 1-3　半依比例符号示例

凤凰山
394.468
3.0

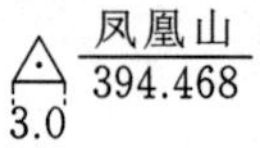

图 1-4　非依比例符号示例

非依比例符号不仅其形状和大小不能按比例尺去描绘，而且符号的中心位置与该地物实地中心的位置关系也将随各类地物符号不同而不同，其定位点规则如下：

(1) 圆形、正方形、三角形等几何图形的符号(如三角点等)的几何中心即代表对应地物的中心位置，如图 1-5(a)所示；

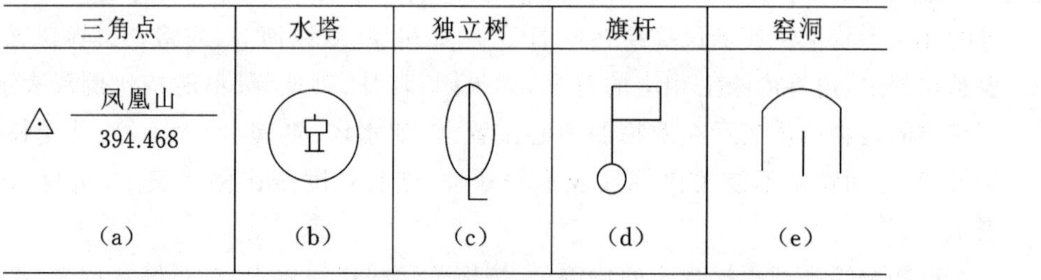

三角点
水塔
独立树
旗杆
窑洞
凤凰山
394.468
(a)
(b)
(c)
(d)
(e)

图 1-5　非比例符号定位点规则

(2) 符号(如水塔等)底线的中心，即为相应地物的中心位置，如图 1-5(b)所示；

(3) 底部为直角形的符号(如独立树等)，其底部直角顶点即为相应地物中心的位置，如图 1-5(c)所示；

(4) 几种几何图形组成的符号(如旗杆等)的下方图形的中心，即为相应地物的中心位置，如图 1-5(d)所示；

(5) 下方没有底线的符号(如窑洞等) 的下方两端点的中心点，即为对应地物的中心位置，如图 1-5(e)所示。

4. 地物注记

用文字、数字等对地物的性质、名称、种类或数量等在图上加以说明，称为地物注记。地物注记可分为如下三类：

（1）地理名称注记：如居民点、山脉、河流、湖泊、水库、铁路、公路和行政区的名称等均须用各种不同大小、不同的字体进行注记说明；

（2）说明文字注记：在地形图上为了表示地物的实质或某种重要特征，可用文字说明进行注记。如咸水井除用水井符号表示外，还应加注"咸"字说明其水质；石油井、天然气井等其符号相同，必须在符号旁加注"油""气"以示区别。

（3）数字注记：在地形图上为了补充说明被描绘地物的数量和说明地物的特征，可用数字进行注记。如三角点的注记，其分子是点名或点号，其分母的数字表示三角点的高程。

在地形图上对于某个具体地物的表示，应该采用依比例符号还是非依比例符号，主要由测图比例尺和地物的大小而定。但一般而言，测图比例尺越大，用依比例符号描绘的地物就越多；相反，比例尺越小，用非依比例符号表示的地物就越多。随着比例尺的增大，说明文字注记和数字注记的数量也相应增加。

【知识加油站】地物测绘

地物可分为表 1-1 所示的几种类型。

表 1-1 地物分类

地物类型	地物类型举例
定位基础	三角点、导线点、埋石图根点、不埋石图根点、水准点、卫星定位连续运行站点、卫星定位等级点、独立天文点等
水系	河流、沟渠、湖泊、水库、海洋、水利要素及附属设施等
居民地	城市、集镇、村庄、窑洞、蒙古包以及居民地的附属建筑物
道路网	铁路、公路、乡村路、大车路、小路、桥梁、涵洞以及其他道路附属建筑物
独立地物	三角点等各种测量控制点、亭、塔、碑、牌坊、气象站、独立石等
管线与垣墙	输电线路、通信线路、地面与地下管道、城墙、围墙、栅栏、篱笆等
境界与界碑	国界、省界、县界及其界碑等
土质与植被	森林、果园、菜园、耕地、草地、沙地、石块地、沼泽等

1. 居民地测绘

居民地是人类居住和进行各种活动的中心场所，它是地形图上一项重要内容。在进行居民地测绘时，应在地形图上表示出居民地的类型、形状、质量和行政意义等。

居民地房屋的排列形式很多，农村中以散列式排列（即不规则排列）的房屋较多，城市中的房屋则排列比较整齐。

测绘居民地时根据测图比例尺的不同，在综合取舍方面有所不同。对于居民地的外部轮廓，都应准确测绘。1:1000 或更大的比例尺测图，各类建筑物和构筑物及主要附属设施应按实地轮廓逐个测绘,其内部的主要街道和较大的空地应加以区分,图上宽度小于 0.5 mm 的次要道路不予表示,其他碎部可综合取舍。房屋以房基角为准立尺测绘,并按建筑材料和质量分类予以注记,对于楼房还应注记层数。圆形建筑物(如油库、烟囱、水塔等)应尽可能实测出其中心位置并量其直径。房屋和建筑物轮廓的凸凹在图上小于 0.4 mm(简单房屋小于 0.6 mm)时可用直线连接。对于散列式的居民地、独立房屋应分别测绘。1:2000 比例尺测图房屋可适当综合取舍。围墙、栅栏等可根据其永久性、规整性、重要性等综合取舍。

2. 独立地物测绘

独立地物是判定方位、确定位置、指定目标的重要标志,必须准确测绘并按规定的符号正确予以表示。

3. 道路测绘

道路包括铁路、公路及其他道路。所有铁路、有轨电车道、公路、大车路、乡村路均应测绘。车站及其附属建筑物、隧道、桥涵、路堑、路堤、里程碑等均需表示。在道路稠密地区,次要的人行路可适当取舍。

(1) 铁路测绘应立尺于铁轨的中心线,对于 1:1000 或更大比例尺测图,依比例绘制铁路符号,标准轨距为 1.435 m。铁路线上应测绘轨顶高程,曲线部分测取内轨顶面高程。路堤、路堑应测定坡顶、坡脚的位置和高程。铁路两旁的附属建筑物,如信号灯、扳道房、里程碑等都应按实际位置测绘。

铁路与公路或其他道路在同一水平面内相交时,铁路符号不中断,而将另一道路符号中断表示;不在同一水平面相交的道路交叉点处,应绘以相应的桥梁或涵洞、隧道等符号。

(2) 公路应实测路面位置,并测定道路中心高程。高速公路应测出两侧围建的栏杆、收费站,中央分隔带也需要测绘。公路、街道一般在边线上取点立尺,并量取路的宽度或在路两边取点立尺。当公路弯道有圆弧时,至少要测取起、中、终三点,并用圆滑曲线连接。

路堤、路堑均应按实地宽度绘出边界,并应在其坡顶、坡脚适当注记高程。公路路堤应分别绘出路边线与堤(堑)边线,二者重合时,可将其中之一移位 0.2 mm 表示。

公路、街道按路面材料划分为水泥、沥青、碎石、砾石等,以文字注记在图上,路面材料改变处应实测其位置并用点线分离。

(3) 其他道路测绘。其他道路有大车路、乡村路和小路等,测绘时,一般在中心线上取点立尺,道路宽度能依比例表示时,按道路宽度的 1/2 在两侧绘平行线。对于宽度在图上小于 0.6 mm 的小路,选择路中心线立尺测定,并用半依比例符号表示。

(4) 桥梁测绘,铁路、公路桥应实测桥头、桥身和桥墩位置,桥面应测定高程,桥面上的人行道图上宽度大于 1 mm 的应实测。各种人行桥图上宽度大于 1 mm 的应实测桥面位置,不能依比例的,实测桥面中心线。

有围墙、垣栅的公园、工厂、学校、机关等内部道路,除通行汽车的主要道路外均按内部道路绘出。

4. 管线与垣栅测绘

永久性的电力线、通信线路的电杆、铁塔位置应实测。同一杆上架有多种线路时,应表示其中主要线路,并要做到各种线路走向连贯、线类分明。居民地、建筑区内的电力线、通信线可不连线,但应在杆架处绘出连线方向。电杆上有变压器时,变压器的位置按其与电杆的相应位置绘出。

地面上的、架空的、有堤基的管道应实测并注记输送的物质类型。当架空的管道直线部分的支架密集时,可适当取舍。对于地下管线检修井,测定其中心位置时应按类别以相应符号表示。

城墙、围墙及永久性的栅栏、篱笆、铁丝网、活树篱笆等均应实测。

境界线应测绘至县和县级以上。乡与国营农、林、牧场的界线应按需要进行测绘。两级境界重合时,只绘高一级符号。

5. 水系的测绘

水系测绘时,海岸、河流、溪流、湖泊、水库、池塘、沟渠、泉、井以及各种水工设施均应实测。河流、沟渠、湖泊等地物,通常无特殊要求时均以岸边为界,如果要求测出水涯线(水面与地面的交线)、洪水位(历史上最高水位的位置)及平水位(常年一般水位的位置)时,应按要求在调查研究的基础上进行测绘。

河流的两岸一般不大规则,在保证精度的前提下,对于小的弯曲和岸边不甚明显的地段可进行适当取舍。河流图上宽度小于 0.5 mm、沟渠实际宽度小于 1 m(1:500 测图时小于 0.5 m)时,不必测绘其两岸,只要测出其中心位置即可。渠道比较规则,有的两岸有堤,测绘时可以参照公路的测法。对于那些田间临时性的小渠不必测出,以免影响图面清晰。

湖泊的边界经人工整理、筑堤、修有建筑物的地段是明显的,在自然耕地的地段大多不甚明显,测绘时要根据具体情况和用图单位的要求来确定以湖岸或水涯线为准。在不甚明显地段确定湖岸线时,可采用调查平水位的边界或根据农作物的种植位置等方法来确定。

水渠应测注渠边和渠底高程。时令河应测注河底高程。堤坝应测注顶部及坡脚高程。

泉、井应测注泉的出水口及井台高程,并根据需要注记井台至水面的深度。

6. 植被与土质测绘

植被测绘时,对于各种树林、苗圃、灌木林丛、散树、独立树、行树、竹林、经济林等,要测定其边界。当边界与道路、河流、栏栅等重合时,则可不绘出地类界,但与境界、高压线等重合时,地类界应移位表示。对经济林应加注种类说明。要测出农田用地的范围,并区分出稻田、旱地、菜地、经济作物地和水中经济作物区等。一年几季种植不同作物的耕地，以夏季主要作物为准。田埂的宽度在图上大于 1 mm(1∶500 测图时大于 2 mm) 时用双线描绘，田块内要测注有代表性的高程。

地形图上要测绘沼泽地、沙地、岩石地、龟裂地、盐碱地等。

【任务小结】

地形图的应用作为测量基本任务之一，识读地形图显得尤其重要。通过本任务的学习，掌握地物符号的识读，有助于学生更好地识读地形图，为后续的测图绘图工作打好基础。

子任务 2　识读地貌符号

【任务描述】

地貌是地球表面上高低起伏地势的总称，是地形图上最主要的要素之一。在地形图上，表示地貌的方法很多，目前常用的是等高线法。对于等高线不能表示或不能单独表示的地貌，通常配以地貌符号和地貌注记来表示。通过本任务的学习，学生应掌握等高线的相关知识。

【任务实施】

通过学习等高线的概念、等高距含义、等高线的分类以及等高线的特性，学会识读几种典型地貌的等高线，掌握识读地貌的方法。

1. 等高线概念

等高线即地面上高程相等的相邻点连成的闭合曲线。等高线表示地貌的原理如图 1-6 所示，设想用一系列间距相等的水平截面去截某一高地，把其截口边线投影到同一个水平面上，且按比例缩小描绘到图纸上，即得等高线图。由此可见，等高线为一组高度不同的空间平面曲线，地形图上表示的仅是它们在投影面上的投影，在没有特别指明时，通常简称地形图上的等高线为等高线。

2. 等高距及示坡线

从上述介绍中可以知道，等高线是一定高度的水平面与地面相截的截线。水平面的高度不同，等高线表示地面的高程也不同。地形图上相邻两高程不同的等高线之间的高差，称为等高距。等高距越小则图上等高线越密，地貌显示就越详细、确切；等高距越大则图上等高线越稀，地貌显示就越粗略。但不能由此得出结论认为等高距越小越好。事物总是一分为二的，如果等高距很小，等高线非常密，不仅影响地形图图面的清晰，而且使用也不便，同时使测绘工作量大大增加。因此，等高距的选择必须根据地形高低起伏程度、测图比例尺的大小和使用地形图的目的等因素来决定。

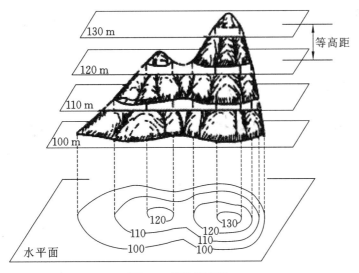

图 1-6 等高线原理

地形图上相邻等高线间的水平间距称为等高线平距。由于同一地形图上的等高距相同,故等高线平距的大小与地面坡度的陡缓有着直接的关系。

由等高线的原理可知,盆地和山头的等高线在外形上非常相似。如图 1-7(a)所表示的为盆地地貌的等高线,图 1-7(b)所表示的为山头地貌的等高线,它们之间的区别在于,山头地貌是里面的等高线高程大,盆地地貌是里面的等高线高程小。为了便于区别这两种地貌,就在某些等高线的斜坡下降方向绘一短线来表示坡向,并把这种短线称为示坡线。盆地的示坡线一般选择在最高、最低两条等高线上表示,能明显地表示出坡度方向即可。山头的示坡线仅表示在高程最大的等高线上。

3. 等高线的分类

为了更好地显示地貌特征,便于识图和用图,地形图上主要采用以下四种等高线,如图 1-8 所示。

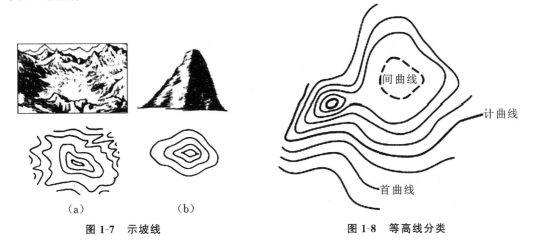

（a）　　　　　（b）

图 1-7 示坡线　　　　　图 1-8 等高线分类

（1）首曲线

按规定的等高距(称为基本等高距)描绘的等高线称为首曲线,亦称基本等高线,用细实线描绘。

（2）计曲线

为了识图和用图时等高线计数方便起见,通常将基本等高线从 0 m 起算每隔 4 条加粗描绘,称为计曲线,也称加粗等高线。在计曲线的适当位置上要断开,注记其高程。

（3）间曲线

当用首曲线不能表示某些微型地貌而又需要表示时,可加绘等高距为 1/2 基本等高距的等高线,称为间曲线(又称半距等高线),常用长虚线表示。在平地当首曲线间距过稀时,可加绘间曲线。间曲线可不闭合而绘至坡度变化均匀处为止,但一般应对称。

（4）助曲线

当用间曲线仍不能表示应该表示的微型地貌时,还可在间曲线的基础上再加绘等高距为 1/4 基本等高距的等高线,称为助曲线。常用短虚线表示。助曲线可不闭合而绘至坡度变化均匀处为止,但一般应对称。

4. 等高线的特性

根据等高线的原理,可归结出等高线的特性如下:

① 在同一条等高线上的各点的高程都相等。因为等高线是水平面与地表面的交线,而同一个水平面的高程是一样的,所以等高线的这个特性是显而易见的。但是相反,凡高程相等的点不一定位于同一条等高线上。当同一水平截面横截两个山头时,会得出同样高程的两条等高线。

② 等高线是闭合曲线。一个无限伸展的水平面与地表的交线必然是闭合的。所以某一高程的等高线必然是一条闭合曲线。但在测绘地形图时,应注意到:其一,由于图幅的范围限制,等高线不一定在图面内闭合而被图廓线截断;其二,为使图面清晰易读,等高线应在遇到房屋、公路等地物符号及其注记时断开;其三,由于间曲线与助曲线仅应用于局部地区,故可在不需要表示的地方中断。

③ 除了陡崖和悬崖处之外,等高线既不会重合,也不会相交。由于不同高程的水平面不会相交或重合,它们与地表的交线当然也不会相交或重合。但是一些特殊地貌,如陡壁、陡坎、悬崖的等高线就会重叠在一起,这些地貌必须加绘相应地貌符号表示。如图1-9 所示为悬崖等高线示意图。

④ 等高线与山脊线和山谷线成正交。山脊等高线应凸向低处,山谷等高线应凸向高处。

⑤ 等高线平距的大小与地面坡度大小成反比。在同一等高距的情况下,地面坡度越小,等高线的平距越大,等高线越疏;反之,地面坡度越大,等高线的平距越小,等高线越密。

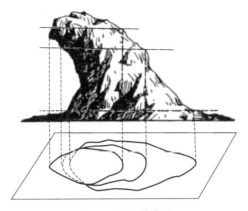

图 1-9 悬崖等高线

【知识加油站】几种典型地貌

地貌形态虽然千变万化、千姿百态,但归纳起来,不外乎由山地、盆地、山脊、山谷、鞍部等基本地貌组成。地球表面的形态,可被看作是由一些不同方向、不同倾斜面的不规则曲面组成,两相邻倾斜面相交的棱线,称之为地貌特征线(或称为地性线)。如山脊线、山谷线即为地性线。在地性线上比较显著的点有:山顶点、洼地的中心点、鞍部的最低点、谷口点、山脚点、坡度变换点等,这些点被称之为地貌特征点。

1. 山顶

山顶是山的最高部分。山地中突出的山顶,有很好的控制作用和方位作用。因此,山顶要按实地形状来描绘。山顶的形状很多,有尖山顶、圆山顶、平山顶等。山顶的形状不同,等高线的表示也不同,如图 1-10 所示。

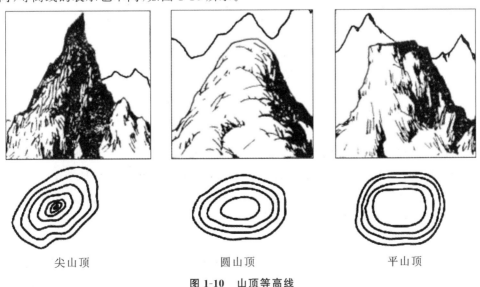

尖山顶   圆山顶   平山顶

图 1-10 山顶等高线

在尖山顶的山顶附近倾斜较为一致,因此,尖山顶的等高线之间的平距大小相等,即使在顶部,等高线之间的平距也没有多大的变化。测绘时,标尺点除立在山顶外,其周围山坡适当选择一些特征点即可。

圆山顶的顶部坡度比较平缓,然后逐渐变陡,等高线的平距在离山顶较远的山坡部分较小,越到山顶,等高线平距逐渐增大,在顶部最大。测绘时,山顶最高点应立尺,在山顶附近坡度逐渐变化处也需要立尺。

平山顶的顶部平坦,到一定范围时坡度突然变化。因此,等高线的平距在山坡部分较小,但不是向山顶方向逐渐变化,而是到山顶突然增大。测绘时必须特别注意在山顶坡度变化处立尺,否则地貌的真实性将受到显著影响。

2. 山脊

山脊是山体延伸的最高棱线。山脊的等高线均向下坡方向凸出。两侧基本对称,山脊的坡度变化反映了山脊纵断面的起伏状况,山脊等高线的尖圆程度反映了山脊横断面的形状。山地地貌显示得是否真实,主要看山脊与山谷,如果山脊测绘得真实、形象,整个山形就较逼真。测绘山脊要真实地表现其坡度和走向,特别是大的分水线、坡度变换点和山脊、山谷转折点,应形象地表示出来。

山脊的形状可分为尖山脊、圆山脊和台阶状山脊。它们都可通过等高线的弯曲程度表现出来。如图 1-11 所示,尖山脊的等高线依山脊延伸方向呈尖角状;圆山脊的等高线依山脊延伸方向呈圆弧状;台阶状山脊的等高线依山脊延伸方向呈疏密不同的方形。

尖山脊　　　　　　　　圆山脊　　　　　　　　台阶状山脊

图 1-11　山脊等高线

尖山脊的山脊线比较明显,测绘时,除在山脊线上立尺外,两侧山坡也应有适当的立尺点。

圆山脊的脊部有一定的宽度,测绘时需特别注意正确确定山脊线的实地位置,然后立尺,此外对山脊两侧山坡也必须注意它的坡度的逐渐变化,恰如其分地选定立尺点。

对于台阶状山脊,应注意由脊部至两侧山坡坡度变化的位置,测绘时,应恰当地选择立尺点,才能控制山脊的宽度。不要把台阶状山脊的地貌测绘成圆山脊甚至尖山脊的地貌。

山脊往往有分歧脊,测绘时,在山脊分歧处必须立尺,以保证分歧山脊的位置正确。

3. 山谷

山谷等高线表示的特点与山脊等高线所表示的相反。山谷的形状可分为尖底谷、圆底谷和平底谷。如图 1-12 所示,尖底谷底部尖窄,等高线通过谷底时呈尖状;圆底谷是底部近于圆弧状,等高线通过谷底时呈圆弧状;平底谷是谷底较宽、底坡平缓、两侧较陡,等高线通过谷底时在其两侧近于直角状。

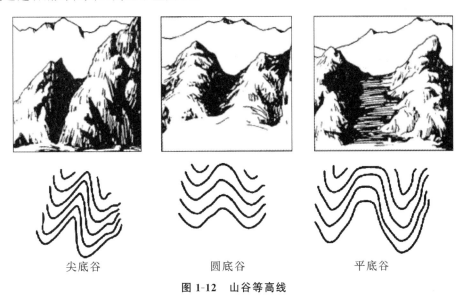

尖底谷　　　　　　　　圆底谷　　　　　　　　平底谷

图 1-12　山谷等高线

尖底谷的下部常常有小溪流,山谷线较明显。测绘时,立尺点应选在等高线的转弯处。

圆底谷的山谷线不太明显,所以测绘时,应注意山谷线的位置和谷底形成的地方。

平底谷多系人工开辟耕地后形成的,测绘时,标尺点应选择在山坡与谷底相交的地方,以控制山谷的宽度和走向。

4. 鞍部

鞍部是两个山脊的会合处,呈马鞍形的地方,是山脊上一个特殊的部位。可分为窄短鞍部、窄长鞍部和平宽鞍部。鞍部往往是山区道路通过的地方,有重要的方位作用。测绘时,在鞍部的最低处必须有立尺点,以便使等高线的形状正确。鞍部附近的立尺点应视坡度变化情况选择。鞍部的中心位于分水线的最低位置上,鞍部有两对同高程的等高线,即一对高于鞍部的山脊等高线,另一对低于鞍部的山谷等高线,这两对等高线近似地对称,如图 1-13 所示。

5. 盆地

盆地是四周高中间低的地形,其等高线的特点与山顶等高线相似,但其高低相反,即外圈等高线的高程高于内圈等高线。测绘时,除在盆底最低处立尺外,对于盆底四周及

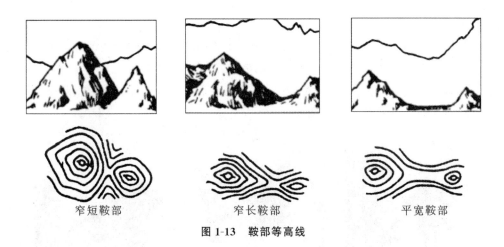

窄短鞍部　　　　　　　窄长鞍部　　　　　　　平宽鞍部

图 1-13　鞍部等高线

盆壁地形变化的地方均应适当选择立尺点,才能正确显示出盆地的地貌。

6. 山坡

山坡是山脊、山谷等基本地貌间的连接部位,由坡度不断变化的倾斜面组成。测绘时,应在山坡上坡度变化处立尺,坡面上地形变化实际也就是一些不明显的小山脊、小山谷,等高线的弯曲也不大。因此,必须特别注意选择标尺点的位置,以显示出微小地貌来。

7. 梯田

梯田是在高山上、山坡上及山谷中经人工改造的地貌。梯田有水平梯田和倾斜梯田两种。测绘时,沿梯坎立标尺,在地形图上一般以等高线、梯田坎符号和高程注记(或比高注记)相配合表示梯田,如图 1-14 所示。

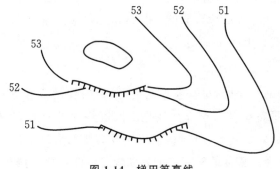

图 1-14　梯田等高线

视频

地貌特征点和
地性线

8. 特殊地貌测绘

除了用等高线表示的地貌以外,有些特殊地貌如冲沟、雨裂、砂崩崖、土崩崖、陡崖、滑坡等不能用等高线表示。对于这些地貌,用测绘地物的方法测绘出这些地貌的轮廓、位置,用图式规定的符号表示。

【任务小结】

通过对等高线的学习,识记典型地貌的等高线,便于在地形图中快速准确地识读出相关地貌符号。

子任务3　地形图综合识读

【任务描述】

地形图的内容,除了地形要素,即地物地貌外,还有诸如比例尺、坐标格网、各类注记、说明资料和辅助图表。本节主要介绍地形图的比例尺、图廓及图廓外注记。

【任务实施】

通过学习地形图的比例尺,比例尺精度,图廓及图廓外注记,从而完整识读地形图。

1. 地图的比例尺及比例尺精度

(1) 地图的比例尺

地图上任一线段的长度与地面上相应线段水平距离之比,称为地图的比例尺。常见的比例尺表示形式有两种:数字比例尺和图示比例尺。

① 数字比例尺

以分子为1的分数形式表示的比例尺称为数字比例尺。设图上一条线段长为 d,相应的实地水平距为 D,则该地图的比例尺为:

$$\frac{d}{D} = \frac{1}{M} \tag{1-1}$$

式中,M 称为比例尺分母。比例尺的大小视分数值的大小而定。M 越大,比例尺越小;M 越小,比例尺越大。数字比例尺也可写成1:500、1:1000、1:2000 等形式。

地形图按比例尺分为三类:1:500、1:1000、1:2000、1:5000、1:10000 为大比例尺地形图;1:25000、1:50000、1:100000 为中比例尺地形图;1:250000、1:500000、1:1000000 为小比例尺地形图。

② 图示比例尺

最常见的图示比例尺是直线比例尺。用一定长度的线段表示图上的实际长度,并按图上比例尺计算出相应地面上的水平距离注记在线段上,这种比例尺称为直线比例尺。图 1-15 所示为 1:2000 的直线比例尺,其基本单位为 2 cm。

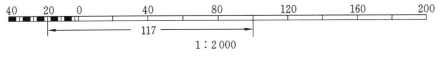

图 1-15　直线比例尺

（2）比例尺精度

测图用的比例尺越大,就越能表示出测区地面的详细情况,但测图所需的工作量也越大。因此,测图比例尺关系到实际需要、成图时间及测量费用。一般以工作需要为决定的主要因素,即根据在图上需要表示出的最小地物有多大,点的平面位置或两点间的距离要精确到什么程度为准。正常人的眼睛能分辨的最短距离一般取 0.1 mm,因此实地丈量地物边长,或丈量地物与地物间的距离,只在精确到按比例尺缩小后,相当于图上 0.1 mm 即可。在测量工作中称相当于图上 0.1 mm 的实地水平距离为比例尺精度。表 1-2 列出了几种比例尺地形图的比例尺精度。

表 1-2　比例尺精度

比例尺	1∶500	1∶1000	1∶2000	1∶5000	1∶10000
比例尺精度(m)	0.05	0.1	0.2	0.5	1.0

根据比例尺精度,可参考决定:

① 按工作需要,多大的地物须在图上表示出来或测量地物要求精确到什么程度,由此可参考决定测图的比例尺。

② 当测图比例尺决定之后,可以推算出测量地物时应精确到什么程度。

2. 图廓及图廓外注记

图廓是一幅图的范围线。下面分别介绍矩形分幅和梯形分幅地形图的图廓及图廓外的注记。

（1）矩形分幅地形图的图廓

矩形分幅的地形图有内、外图廓线。内图廓线就是坐标格网线,也是图幅的边界线,在内图廓与外图廓之间四角处注有坐标值,并在内图廓线内侧,每隔 10 cm 绘有 5 mm 长的坐标短线,表示坐标格网线的位置。在图幅内每隔 10 cm 绘有十字线,以标记坐标格网交叉点。外图廓仅起装饰作用。

图 1-16 所示为 1∶1000 比例尺地形图图廓示例,北图廓上方正中为图名、图号。图名即地形图的名称,通常选择图内重要居民地名称作为图名,若该图幅内没有居民地,也可选择重要的湖泊、山峰等的名称作为图名。图的左上方为图幅接合表,用来说明本幅图与相邻图幅的位置关系。中间画有斜线的一格代表本幅图位置,四周八格分别注明相邻图幅的图名,利用接合表可迅速地进行地形图的拼接。

在南图廓的左下方注记测图日期、测图方法、平面和高程系统、等高距及地形图图式的版别等。在南图廓下方中央注有比例尺,在南图廓右下方写明作业人员姓名,在西图廓下方注明测图单位全称。

（2）梯形分幅地形图的图廓

梯形分幅地形图以经纬线进行分幅,图幅呈梯形。在图上绘有经纬线网和方里网。

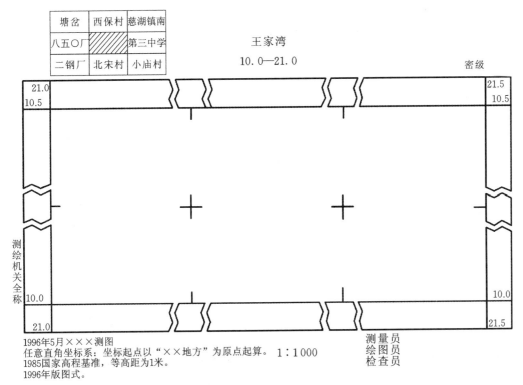

塘岔	西保村	慈湖镇南
八五〇厂		第三中学
二钢厂	北宋村	小庙村

王家湾

10.0—21.0

密级

21.0
10.5

21.5
10.5

测绘机关全称

10.0

10.0

21.0

21.5

测量员
绘图员
检查员

1996年5月×××测图
任意直角坐标系：坐标起点以"××地方"为原点起算。　　1∶1000
1985国家高程基准，等高距为1米。
1996年版图式。

图 1-16　地形图图廓整饰示例

在不同比例尺的梯形分幅地形图上，图廓的形式有所不同。1∶10000～1∶100000 地形图的图廓，由内图廓、外图廓和分度带组成。内图廓是经线和纬线围成的梯形，也是该图幅的边界线。图 1-17 为 1∶50000 地形图的西南角，西图廓经线是东经 $109°00'$，南图廓线是北 $36°00'$。在东、西、南、北外图廓线中间分别标注了四邻图幅的图号，更进一步说明

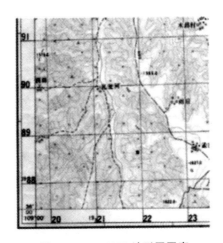

图 1-17　1∶50000 地形图图廓

了与四邻图幅的相互位置。内、外图廓之间为分度带,绘有加密经纬网的分划短线,相邻两条分划线间的长度,表示实地经差或纬差1′。分度带与内图廓之间,注记以千米为单位的平面直角坐标值,如图中3988表示纵坐标为3988 km(从赤道起算),其余89、90等,其千米数的千、百位都是39,故从略。横坐标为19321,19为该图幅所在的投影带号,321表示该纵线的横坐标千米数,即位于第19带中央子午线以西179 km处(321 km-500 km=-179 km)。

北图廓上方正中为图名、图号和省、县名,左边为图幅接合表。东图廓外上方绘有图例,在西图廓外下方注明测图单位全称。在南图廓下方中央注有数字比例尺,此外,还绘有坡度尺、三北方向图、直线比例尺以及测绘日期、测图方法、平面和高程系统、等高距和地形图图式的版别等。利用三北方向图可对图上任一方向的坐标方位角、真方位角和磁方位角进行换算(图1-18)。利用坡度尺可在地形图上量测地面坡度(百分比值)和倾角(图1-19)。

图1-18　三北方向图

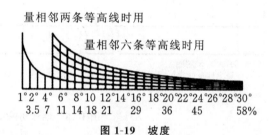

图1-19　坡度

【知识加油站】地形图的分幅与编号

为便于测绘、印刷、保管、检索和使用,所有的地形图均须按规定的大小进行统一分幅并进行有系统的编号。地形图的分幅方法有两种:一种是按经纬线分幅的梯形分幅法;另一种是按坐标格网线分幅的矩形分幅法。

1. 梯形分幅与编号

我国基本比例尺地形图(1:1000000～1:5000)采用经纬线分幅,地形图图廓由经纬线构成。它们均以1:1000000地形图为基础,按规定的经差和纬差划分图幅,行列数和图幅数成简单的倍数关系。

经纬线分幅的主要优点是每个图幅都有明确的地理位置概念,适用于很大范围(全国、大洲、全世界)的地图分幅。其缺点是图幅拼接不方便,随着纬度的升高,相同经纬差所限定的图幅面积不断缩小,不利于有效地利用纸张和印刷机版面;此外,经纬线分幅还经常会破坏重要地物(例如大城市)的完整性。

(1) 20世纪70～80年代我国基本比例尺地形图的分幅与编号

20世纪70年代以前,我国基本比例尺地形图分幅与编号以1:1000000地形图为基础,伸展出 1:500000、1:200000、1:100000 三个系列。70~80 年代 1:250000 取代了 1:200000,于是伸展出 1:500000、1:250000、1:100000 三个系列,在 1:100000 后又分为 1:50000、1:25000 一支及 1:10000、1:5000 的一支。详见表 1-3。

表 1-3　国家基本比例尺地形图图幅分幅编号关系表

分幅基础图			分出新图幅					
比例尺	经差	纬差	幅数	比例尺	经差	纬差	序号	编号示例
1:1000000	6°	4°	4	1:500000	3°	2°	A,B	J-51-A
1:1000000	6°	4°	16	1:250000	1°30′	1°	[1],[2]	J-51-[2]
1:1000000	6°	4°	144	1:100000	30′	20′	1,2	J-51-5
1:100000	30′	20′	4	1:50000	15′	10′	A,B	J-51-5-B
1:100000	30′	20′	64	1:10000	3′45″	2′30″	(1),(2)	J1-51-5-(24)
1:50000	15′	10′	4	1:25000	7′30″	5′	1,2	J-51-5-B-4
1:10000	3′45″	2′30″	4	1:5000	1′52.5″	1′15″	a,b	J-51-5-(24)-b

① 1:1000000 比例尺地形图的分幅编号

1:1000000 地形图的分幅采用国际 1:1000000 地图分幅标准。图 1-20 所示为北半球 1:1000000 比例尺地形图的分幅。每幅 1:1000000 比例尺地形图的范围是经差 6°、纬差 4°。由于图幅面积随纬度增高而迅速减小,规定在纬度 60°~76° 之间双幅合并,即每幅图为经差 12°、纬差 4°。在纬度 76°~88° 之间四幅合并,即每幅图为经差 24°、纬差 4°。我国位于北纬 60° 以下,故没有合幅图。

1:1000000 地形图的编号采用国际统一的行列式编号。从赤道起分别向南向北,每纬差 4° 为一列,至纬度 88° 各分为 22 横列,依次用大写拉丁字母(字符码)A,B,C,…,V 表示。

从 180° 经线起,自西向东每经差 6° 为一行,分为 60 纵行,依次用阿拉伯数字(数字码)1,2,3,…,60 表示。以两极为中心,以纬度 88° 为界的圆用 Z 表示。

由此可知,一幅 1:1000000 比例尺地形图,是由纬差 4° 的纬圈和经差 6° 的子午线所围成的梯形。其编号由该图所在的列号与行号组合而成。为区别南、北半球的图幅,分别在编号前加 N 或 S。因我国领域全部位于北半球,故省注 N。如甲地的纬度为北纬 39°54′30″,经度为东经 122°28′25″,其所在 1:1000000 地形图的内图廓线为东经 120°、东经 124° 和北纬 36°、北纬 40°,则此 1:1000000 比例尺地形图的编号为 J-51。高纬度地区图幅为双幅、四幅合并时,其图幅编号应合并写出,如 NP-47,48;NP-49,50,51,52。

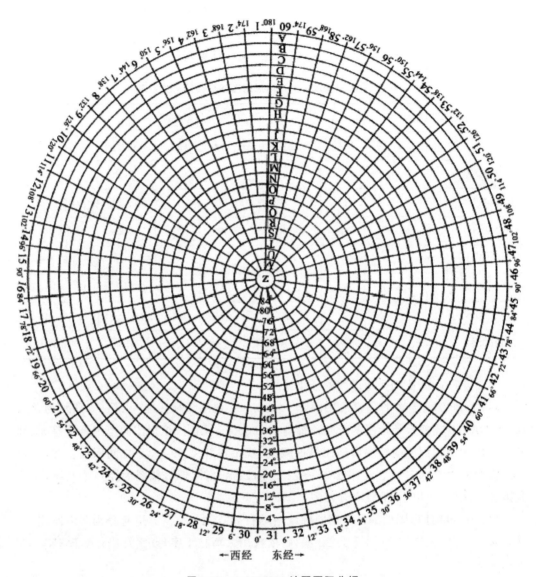

图 1-20 1:1000000 地图国际分幅

② 1:500000,1:250000,1:100000 比例尺地形图的分幅编号

这三种比例尺地形图的分幅编号都是在 1:1000000 地形图的基础上进行的。

每一幅 1:1000000 地形图分为 2 行 2 列,共 4 幅 1:500000 地形图,分别以 A、B、C、D 表示。

例如某地所在的 1:500000 比例尺地形图的编号为 J-51-A,如图 1-21 所示。

每一幅 1:1000000 地形图分为 4 行 4 列,共 16 幅 1:250000 地形图,分别以[1]、[2]、…、[16]表示。例如某地所在的 1:250000 比例尺地形图的编号为 J-51-[2](图 1-21)。

每一幅 1:1000000 地形图分为 12 行 12 列,共 144 幅 1:100000 地形图,分别用 1,2,

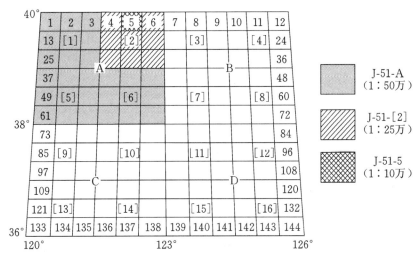

图 1-21 1:500000,1:250000,1:100000 比例尺地形图的分幅与编号

3,…,144 表示。例如某地所在 1:100000 比例尺图幅的编号是 J-51-5(图 1-21)。

③ 1:50000,1:25000,1:10000 比例尺地形图的分幅编号

这三种比例尺地形图的分幅编号是在 1:100000 比例尺地形图的基础上进行的,如图 1-22 所示。

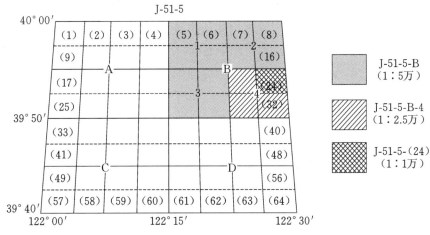

图 1-22 1:50000,1:25000,1:10000 比例尺地形图的分幅与编号

每幅 1:100000 比例尺地形图划分为 4 幅 1:50000 地形图,分别以 A、B、C、D 表示。其编号是在 1:100000 比例尺地形图的编号后加上各自的代号所组成。例如,某地所在 1:50000比例尺地形图的编号为 J-51-5-B。

每幅 1:50000 比例尺地形图划分为 4 幅 1:25000 比例尺地形图,分别以数字 1、2、3、4 表示。其编号是在 1:50000 比例尺地形图的编号后加上 1:25000 比例尺地形图各自的代号所组成,如 J-51-5-B-4。

每幅 1:100000 比例尺地形图划分为 8 行、8 列,共 64 幅 1:10000 比例尺地形图,分别以(1)、(2)、(3)、…、(64)表示;其纬差是 2'30″,经差是 3'45″,其编号是在 1:100000 比例尺地形图图号之后加上各自代号所组成,如 J-51-5-(24)。

④ 1:5000 比例尺地形图的分幅及编号

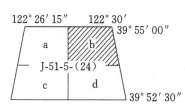

图 1-23 1:5000 地形图分幅及编号

1:5000 比例尺地形图是在 1:10000 比例尺地形图的基础上进行分幅编号。每幅 1:10000 比例尺地形图分成 4 幅 1:5000 的图(图 1-23)。其纬差为 1'15″,经差为 1'52.5″。其编号是在 1:10000 比例尺地形图的图号后分别加上代号 a、b、c、d。例如某地所在的 1:5000 比例尺地形图图幅编号为 J-51-5-(24)-b。

表 1-3 表示了上述比例尺地形图的分幅方法及以某地为例的编号。

(2)现行的国家基本比例尺地形图分幅和编号

为便于计算机管理和检索,1992 年国家技术监督局发布了新的《国家基本比例尺地形图分幅和编号》(GB/T 13989—92)国家标准,自 1993 年 7 月 1 日起实施。之后,又于 2012 年发布了更新版本,即《国家基本比例尺地形图分幅和编号》(GB/T 13989—2012),自 2012—10—01 起开始实施,旧标准(GB/T 13989—92)同时废止。

① 1:1000000～1:5000 比例尺地形图分幅和编号

新标准仍以 1:1000000 比例尺地形图为基础,1:1000000 比例尺地形图的分幅经、纬差不变,但由过去的纵行、横列改为横行、纵列,它们的编号由其所在的行号(字符码)与列号(数字码)组合而成,如北京所在的 1:1000000 地形图的图号为 J50。

1:500000～1:5000 地形图的分幅全部由 1:1000000 地形图逐次加密划分而成,编号均以 1:100000 比例尺地形图为基础,采用行列编号方法,由其所在 1:1000000 比例尺地形图的图号、比例尺代码和图幅的行列号共十位码组成。编码长度相同,编码系列统一为一个根部,便于计算机处理。如图 1-24 所示。

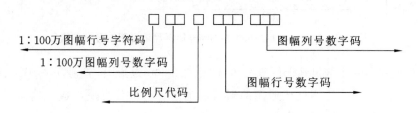

图 1-24 1:500000～1:5000 地形图图号的构成

各种比例尺代码见表 1-4。

表 1-4　比例尺代码表

比例尺	1:500000	1:250000	1:100000	1:50000	1:25000	1:10000	1:5000
代码	B	C	D	E	F	G	H

新的国家基本比例尺地形图分幅编号关系见表 1-5。

表 1-5　现行的国家基本比例尺地形图分幅编号关系表

比例尺		1:1000000	1:500000	1:250000	1:100000	1:50000	1:25000	1:10000	1:5000
图幅范围	经差	6°	3°	1°30′	30′	15′	7′30″	3′45″	1′52.5″
	纬差	4°	2°	1°	20′	10′	5′	2′30″	1′15″

【例 1-1】　1:500000 地形图的编号(图 1-25),晕线所示图号为 J50B001002。

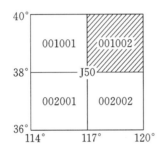

图 1-25　1:500000 地形图编号

【例 1-2】　图 1-26,晕线所示图号为 J50C003003。

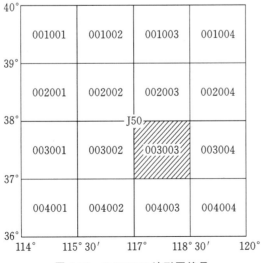

图 1-26　1:250000 地形图编号

【例 1-3】 1:100000 地形图的编号(图 1-27) 45°晕线所示图号为 J50D010010。

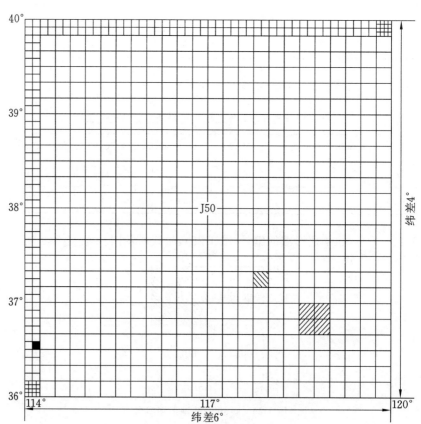

图 1-27 1:100000 地形图编号

【例 1-4】 1:50000 地形图的编号(图 1-27),135°晕线所示图号为 J50E017016。

【例 1-5】 1:25000 地形图的编号(图 1-27),交叉晕线所示图号为 J50F042002。

【例 1-6】 1:10000 地形图的编号(图 1-27),黑块所示图号为 J50G093004。

【例 1-7】 1:5000 地形图的编号(图 1-27),1:1000000 比例尺地形图图幅最东南角的 1:5 000 地形图的图号为 J50H192192。

② 编号的应用

已知图幅内某点的经、纬度或图幅西南图廓点的经、纬度,可按下式计算 1:1000000 地形图图幅编号:

$$a = [\varphi/4°] + 1$$
$$b = [\lambda/6°] + 31 \tag{1-2}$$

式中,[] 表示商取整;a 为 1:1000000 地形图图幅所在纬度带字符码对应的数字码;b 为 1:1000000 地形图图幅所在经度带的数字码;λ 为图幅内某点的经度或图幅西南图廓点的经度;φ 为图幅内某点的纬度或图幅西南图廓点的纬度。

【例 1-8】　某点经度为 $114°33'45''$，纬度为 $39°22'30''$，计算其所在图幅的编号。

【解】　$a = [39°22'30''/4°] + 1 = 10$（字符码为 J）

$\qquad\qquad b = [114°33'45''/6°] + 31 = 50$

该点所在 1∶1000000 地形图图幅的图号为 J50。

已知图幅内某点的经、纬度或图幅西南图廓点的经、纬度，也可按式（1-3）计算所求比例尺地形图在 1∶1000000 地形图图号后的行、列号：

$$c = 4°/\Delta\varphi - [(\varphi/4°)/\Delta\varphi]$$
$$d = [(\lambda/6°)/\Delta\lambda] + 1 \qquad\qquad (1\text{-}3)$$

式中：( ) 表示商取余；[ ] 表示商取整；c 表示所求比例尺地形图在 1∶1000000 地形图图号后的行号；d 表示所求比例尺地形图在 1∶1000000 地形图图号后的列号；λ 表示图幅内某点的经度或图幅西南图廓点的经度；φ 表示图幅内某点的纬度或图幅西南图廓点的纬度；$\Delta\lambda$ 表示所求比例尺地形图分幅的经差；$\Delta\varphi$ 表示所求比例尺地形图分幅的纬差。

【例 1-9】　仍以经度为 $114°33'45''$，纬度为 $39°22'30''$ 的某点为例，计算其所在 1∶10000 地形图的编号。

【解】　$\Delta\varphi = 2'30''$，$\Delta\lambda = 3'45''$

$\qquad\qquad c = 4°/2'30'' - [(39°22'30''/4°)/2'30''] = 015$

$\qquad\qquad d = [(114°33'45''/6°)/3'45''] + 1 = 010$

1∶10000 地形图的图号为 J50G015010。

已知图号可计算该图幅西南图廓点的经、纬度。也可在同一幅 1∶1000000 比例尺地形图图幅内进行不同比例尺地形图的行列关系换算，即由较小比例尺地形图的行、列号计算所含各较大比例尺地形图的行、列号或由较大比例尺地形图的行、列号计算它隶属于较小比例尺地形图的行、列号。相应的计算公式及算例见《国家基本比例尺地形图分幅和编号》（GB/T 13989—2012）。

2. 矩形分幅与编号

大比例尺地形图的图幅通常采用矩形分幅，图幅的图廓线为平行于坐标轴的直角坐标格网线。以整千米（或百米）坐标进行分幅。图幅大小可分成 40 cm × 40 cm、40 cm × 50 cm 或 50 cm × 50 cm。图幅大小见表 1-6。

表 1-6　几种大比例尺地形图的图幅大小

比例尺	图幅大小（cm²）	实地面积（km²）	1∶5000 图幅内的分幅数
1∶5000	40×40	4	1
1∶2000	50×50	1	4
1∶1000	50×50	0.25	16
1∶500	50×50	0.0625	64

矩形分幅图的编号有以下几种方式:

(1) 按图廓西南角坐标编号

采用图廓西南角坐标公里数编号,x 坐标在前,y 坐标在后,中间用短线连接。1:5000 取至 km 数;1:2000、1:1000 取至 0.1 km;1:500 取至 0.01 km。例如某幅 1:1000 比例尺地形图西南角图廓点的坐标 $x = 83500$ m、$y = 15500$ m,则该图幅编号为 83.5-15.5。

(2) 按流水号编号

按测区统一划分的各图幅的顺序号码,从左到右,从上到下,用阿拉伯数字编号。图 1-28(a) 中,晕线所示图号为 15。

(3) 按行列号编号

将测区内图幅按行和列分别单独排出序号,再以图幅所在的行和列序号作为该图幅图号。图 1-28(b) 中,晕线所示图号为 A-4。

(4) 以 1:5000 比例尺地形图为基础编号

如果整个测区测绘有几种不同比例尺的地形图,则地形图的编号可以 1:5000 比例尺地形图为基础。以某 1:5000 比例尺地形图图幅西南角坐标值编号,图 1-28(c) 中 1:5000 图幅编号为 32-56,此图号就作为该图幅内其他较大比例尺地形图的基本图号,编号方法见图 1-28(d)。其中,晕线所示图号为 32-56-Ⅳ-Ⅲ-Ⅱ。

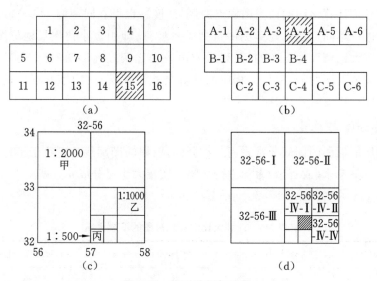

图 1-28 矩形分幅与编号

【任务小结】

通过学习地形图的三要素,完成地形图综合识读的学习。

任务 1.2　准备与策划

【任务描述】

技术设计是数字测图最基本的工作,主要依据国家有关规范、用户需求、本单位技术力量和仪器设备状况等对数字测图工作进行设计。从硬件配置到数字化成图软件系统的选配,测量方案、测量方法及精度的确定,数据和图形文件的生成及计算机处理,直至各工序之间的密切配合,协调等,以及数字测图的各类成果、数据和图形文件符合规范、图式要求和用户的需要,每一步工作都应在数字测图技术设计的指导下进行。

【任务实施】

通常所指的大比例尺测图系指 1∶500～1∶5000 比例尺测图,而 1∶10000～1∶50000 比例尺测图目前多用航测法成图。小于 1∶50000 的小比例尺图,则是根据较大比例尺地图及各种资料编绘而成。

在测图开始前,应编写技术设计书,拟订作业计划,以保证测量工作在技术上合理、可靠,在经济上节省人力、物力,有计划、有步骤地开展工作。

大比例尺测图的作业规范和图式主要有《工程测量标准》(GB 50026—2020)、《城市测量规范》(CJJ/T 8—2011)、《地籍测绘规范　附说明》(CH 5002—1994)、《房产测量规范　第 1 单元:房产测量规定》(GB/T 17986.1—2000)、《房产测量规范　第 2 单元:房产图图式》(GB/T 17986.2—2000)、《1∶500 1∶1000 1∶2000 外业数字测图规程》(GB/T 14912—2017)、《国家基本比例尺地图图式　第 1 部分:1∶500 1∶1000 1∶2000 地形图图式》(GB/T 20257.1—2017)、《国家基本比例尺地图图式　第 2 部分:1∶5000 1∶10000 地形图图式》(GB/T 20257.2—2017)、《地籍图图式　附说明》(CH 5003—1994)、《基础地理信息要素分类与代码》(GB/T 13923—2006)等。

下面分别从资料收集与分析、测区踏勘、技术设计、项目策划等方面介绍数字测图的工作准备与策划。

1. 资料收集与分析

外业数字测图作业前,应收集有关测量资料,见表 1-7。

表 1-7　需收集的测量资料

资料类型	说明
控制测量成果	测区内及其外围的国家级全球卫星导航系统连续运行基准站、GNSS 点、三角点、等级导线点、水准点的平面和高程成果及点之记、布网图、路线图,区域似大地水准面模型数据等成果
	测区内及其外围的地区级全球卫星导航系统连续运行基准站、GNSS 点、三角点、等级导线点、水准点的平面和高程成果及点之记、布网图、路线图,区域似大地水准面模型数据等成果
	其他相关资料
地图资料	测区范围内各种比例尺的地形图、影像图、专业用图(如各级行政区划图、交通图、水利图)
	周围已测地形图资料及其他相关资料
	以上资料数字形式的相关成果
其他辅助资料	包括地名、境界、电力、水利等相关资料

对所收集的资料应进行整理和分析,主要包括:

① 根据控制点成果施测年代、施测单位、作业依据、采用的平面和高程基准、成果质量情况和评价,并结合控制点的数量、分布等情况确定其使用价值和使用方案;

② 根据地图资料的测绘年代、测绘单位、作业依据、采用的平面和高程基准、比例尺、成果精度、成图质量等,以确定其使用价值和使用方案;

③ 查看其他辅助资料,检查各类参考资料是否齐全,是否有最新信息等。

2. 测区踏勘

作业前应由主要技术人员和作业人员去现场进行必要的测区踏勘,以了解测区的行政区划、社会情况、自然地理、水文气象、通信和交通运输等与生产、生活有关的各方面情况,并掌握测区已有平面及高程控制网(点)的位置、标志类型及保存情况。测区踏勘完成后宜编写踏勘报告,也可以在技术设计中说明踏勘情况。

3. 技术设计

技术设计主要要求如下:

① 技术设计应根据项目总体要求并结合资料分析结果、踏勘情况等制定经济合理的技术路线;

② 技术设计应满足本标准规定的各项技术要求,特殊情况不能满足时应明确说明原因,采取相应的保障措施,并通过项目委托单位的审核批准;

③ 采用新技术、新方法和新工艺时,应明确说明相关要求和规定;

④ 技术设计的编写要求及主要内容应符合《测绘技术设计规定》(CH/T 1004—2005)。

4. 项目策划

项目策划主要进行的工作,见表1-8。

表 1-8　项目策划的主要工作

策划内容	说明
人力准备	根据测区任务量、工程工期要求等组织项目的技术人员和作业人员
	对项目参与人员应进行必要的技术培训,完成技术交底工作;技术交底应向作业人员提供作业技术指标要求、方法、需要注意的问题、特殊情况处理等
装备准备	根据技术设计书中的技术要求、作业方法及任务情况配备仪器装备
软硬件准备	根据作业要求配备相应的软、硬件

【知识加油站】数字测图作业模式及特点

1. 全野外数字测图作业模式

由于使用的硬件设备不同,软件设计者的思路不同,数字测图有不同的作业模式。就全野外数字测图而言,可分为两种不同的作业模式:数字测记模式(简称测记式)和电子平板测绘模式(简称电子平板)。

(1) 数字测记模式

数字测记模式是一种野外数据采集、室内成图的作业方法。根据野外数据采集硬件设备的不同,可将其进一步分为全站仪数字测记模式和 GNSS-RTK 数字测记模式。

全站仪数字测记模式是目前最常见的测记式数字测图作业模式,为大多数软件所支持。该模式是用全站仪实地测定地形点的三维坐标,并用内存储器(或电子手簿)自动记录观测数据,在室内将采集的数据传输给计算机,由人工编辑成图或自动成图。该方法野外采集数据速度快、效率高。采用全站仪,由于测站和镜站的距离可能较远(1 km 以上),测站上很难看到所测点的属性和与其他点的连接关系,通常使用对讲机保持测站与镜站之间的联系,以保证测点编码(简码)输入的正确性,或者在镜站手工绘制草图并记录测点属性、点号及其连接关系,供内业绘图使用。

随着卫星导航定位技术的日臻成熟,GNSS-RTK 数字测记模式已被广泛地应用于数据采集。GNSS-RTK 数字测记模式采用卫星实时动态定位技术,实地测定地形点的三维坐标,并自动记录定位信息。采集数据的同时,在移动站输入编码、绘制草图或记录绘图信息,供内业绘图使用。

(2) 电子平板测绘模式

电子平板测绘模式是指"全站仪＋便携式计算机＋相应测绘软件"实施的外业测图模式。这种模式用便携式计算机的屏幕模拟测板在野外直接测图,即把全站仪测定的碎部点实时地展绘在便携式计算机屏幕上,用软件的绘图功能边测边绘。这种模式可以在现场完成绝大多数测图工作,实现数据采集、数据处理、图形编辑现场同步完成,外业即测即所见,外业工作完成了图也就绘制出来了,实现了内外业一体化。但该方法对设备要求较高,便携式计算机不适应野外作业环境(如供电时间短、液晶屏幕光强看不清等)是主要的缺陷。该模式目前主要用于房屋密集的城镇地区的测图工作。

针对目前电子平板测图模式的不足,许多公司研制开发掌上电子平板测图系统,用基于 Window CE 的 PDA(掌上电脑)取代便携式计算机。PDA 体积小、重量轻、待机时间长。这种掌上电子平板测图系统的出现,使电子平板作业模式更加方便、实用。

2. 地图数字化

全野外数字测图(地面数字测图)是获取数字地形图的主要方法之一,除此之外,也可以利用已有的纸质或聚酯薄膜地形图通过地形图数字化方法获得数字地形图。目前,国土、规划、勘察及建设等部门拥有大量的各种比例尺的纸质地形图,这些都是非常宝贵的基础地理信息资源。为了充分利用这些资源,在实际生产中需要把大量的纸质地形图通过数字化仪或扫描仪等设备输入计算机,再通过专用软件进行剪辑和处理,将其转换成计算机能存储和处理的数字地形图,这一过程称为地形图的数字化,也称原图数字化。

地形图数字化的实质就是将图形转化为数据,转化的精度取决于纸质地形图的固定误差、数字化过程中的误差、数字化的设备误差及数字化软件等多个方面。因此,通过地形图数字化得到的数字地形图,其地形要素的位置精度不会高于原地形图的精度。地形图数字化方法主要有手扶跟踪数字化和扫描屏幕数字化。

(1) 手扶跟踪数字化

手扶跟踪数字化利用数字化仪和相应的图形处理软件进行,其主要作业步骤是:首先将数字化板与计算机正确连接,把工作地图(纸质地形图)放置于数字化板上并固定,用手持定标设备(鼠标)对地形图进行定向并确定图幅范围,然后跟踪图上的每一个地形点,用数字化仪和相应的数字化软件在图上进行数据采集,经软件编辑后获得最终的矢量化数据,即数字化地形图。

手扶跟踪数字化方法对复杂地形图的处理能力较弱,对不规则的曲线如等高线只能采用取点模拟的方法,自动化程度不高,效率低;手扶跟踪数字化方法的精度不高,其取决于工作底图上地形要素的宽度、复杂程度、数字化仪器的分辨率、作业人员的工作态度与熟练程度等诸多因素。因此,这种方法逐渐被自动化程度高、作业速度快、精度高的地形图扫描屏幕数字化方法所取代。

(2) 地形图扫描屏幕数字化

地形图扫描屏幕数字化,是利用扫描仪将原地形图工作底图进行扫描后,生成按一定分辨率并按行和列规则划分的栅格数据,其文件格式为 PCX、GIF、TIF、BMP、TGA 等。应用扫描矢量化软件进行栅格数据矢量化后,采用人机交互与自动化跟踪相结合的方法来完成地形图矢量化。因其工作都在屏幕上完成,故称为地形图扫描屏幕数字化。

地形图扫描屏幕数字化过程实质上是一个解译光栅图像并用矢量元素替代的过程。

3. 三维激光扫描测量

(1) 三维激光扫描技术简介

三维激光扫描技术(three-dimensional laser scan technology),又称实景复制技术。它通过高速激光扫描测量的方法,快速获取被测对象表面大面积高分辨率的三维坐标数据,可以快速、大量地采集空间点位信息,快速建立物体的三维影像模型。

利用三维激光扫描仪,通过空中或地面激光扫描获取高精度地表及构筑物三维坐标,经过计算机实时或事后对三维坐标及几何关系的处理,得到数字地形图或数字景观图、等高线图或断面图等,数据可在 AutoCAD 软件平台上直接使用,也可通过扫描软件直接完成三维交互式可视化检测及概念设计。

(2) 三维激光扫描技术的优势

① 三维测量

传统测量概念里,所测得的数据最终输出的都是二维结果(如 CAD 出图),现代测量仪器里全站仪、卫星定位测量仪比重居多,但测量的数据仍是二维形式的。在逐步数字化的今天,三维已经逐渐代替二维,三维激光扫描仪每次测量的数据不仅包含 X、Y、Z 点的信息,还包括红绿蓝(RGB)颜色信息,同时还有物体反色率的信息,这样全面的信息能给人一种物体在电脑里真实再现的感觉,是一般测量手段无法做到的。

② 快速扫描

快速扫描是扫描仪诞生产生的概念,在常规测量手段里,每一点的测量费时都在 2～5 s,更甚者,要花几分钟的时间对一点的坐标进行测量。在数字化的今天,这样的测量速度已经不能满足测量的需求,三维激光扫描仪的诞生改变了这一现状,最初每秒 1000 点的测量速度已经让测量界大为惊叹,而脉冲扫描仪(如 Scanstation2)最大速度已经达到每秒 50000 点,相位式扫描仪(如 Surphaser 三维激光扫描仪)最高速度已经达到每秒 120 万点,这是三维激光扫描仪对物体详细描述的基本保证,古文物、工厂管道、隧道、地形等复杂领域无法测量的状况已经成为历史。

4. 数字摄影测量

数字摄影测量是基于数字影像和摄影测量的基本原理,应用计算机技术、数字图像处理、影像匹配、模式识别等多学科的理论与方法,提取所摄对象以数字方式表达的几何与物理信息的摄影测量学的分支学科。在数字摄影测量过程中,不仅产品是数字的,而且中间数据的记录及处理的原始资料均是数字的。

【任务小结】

本任务的目的是了解数字测图技术设计编写内容,掌握技术设计书的编写方法。数字测图的技术设计是基本工作,在测图前对整个测图工作做出合理的设计和安排,以保证数字测图工作的正常实施。

项目一练习

项目二

数字测图外业数据采集

 项目概述

针对全野外数字测图而言，由于国家等级控制测量所建立的控制点精度比较高，但数量比较少，远远不能满足一般地形测图的需要。为此，在测图之前，必须在高等级控制点的基础上加密控制点，在此基础上形成图根控制网，以供直接测图使用。

数字测图通常分为野外数据采集和内业数据处理、绘图两部分。野外数据采集通常利用全站仪或 RTK 等测量设备直接测定地形点的位置，并记录其连接关系及其属性，为内业成图提供必要的信息，它是数字测图的基础工作，直接影响成图质量与效率。

项目目标

1. 能实地踏勘、选线、选点、埋石、绘制点之记。
2. 能准确记录计算图根控制测量外业观测数据。
3. 能进行图根控制测量内业计算，求得控制点平面坐标及高程。
4. 能用全站仪测量碎部点坐标数据并存储。
5. 能用 RTK 采集碎部点坐标数据。

任务 2.1 图根控制测量

【任务描述】

图根控制测量按施测项目不同分为图根平面控制测量和高程控制测量。图根平面控制测量可采用全球卫星导航系统测量、导线测量、极坐标法和交会法等方法；高程控制

测量可采用全球卫星导航系统测量、水准测量、三角高程测量等方法。图根平面控制测量和高程控制测量可同时进行。

图根点相对于图根起算点的点位中误差,按测图比例尺 1∶500 不应大于 5 cm;1∶1000、1∶2000 不应大于 10 cm。高程中误差不应大于测图基本等高距的 1/10。图根点(包括高级控制点)密度应根据测图比例尺和地形条件而定,平坦开阔地区的图根点密度应符合国家测量规范要求,地物密集、通视困难的地方,图根点密集一些,具体要求见表 2-1。

表 2-1　图根控制点密度

测图比例尺	1∶500	1∶1000	1∶2000
图根点的密度(点数/km²)	64	16	4

【任务实施】

要求用导线测量的方法建立小区域平面控制网;用三、四等水准测量的方法建立小区域高程控制网。

子任务 1　图根平面控制测量

依据《工程测量标准》(GB 50026—2020)和《1∶500 1∶1000 1∶2000 外业数字测图规程》(GB/T14912—2017),导线测量的主要技术要求如表 2-2 和表 2-3 所示。

表 2-2　导线测量的主要技术要求

等级	导线长度(km)	平均边长(km)	测角中误差(″)	测距中误差(mm)	测距相对中误差	测回数				方位角闭合差(″)	导线全长相对闭合差
						0.5″级仪器	1″级仪器	2″级仪器	6″级仪器		
三等	14	3	1.8	20	1/150000	4	6	10	—	$3.6\sqrt{n}$	≤1/55000
四等	9	1.5	2.5	18	1/80000	2	4	6	—	$5\sqrt{n}$	≤1/35000
一级	4	0.5	5	15	1/30000	—	—	2	4	$10\sqrt{n}$	≤1/15000
二级	2.4	0.25	8	15	1/14000	—	—	1	3	$16\sqrt{n}$	≤1/10000
三级	1.2	0.1	12	15	1/7000	—	—	1	2	$24\sqrt{n}$	≤1/5000

注:1. n 为测站数;

2. 当测区测图的最大比例尺为 1∶1000 时,一、二、三级导线的导线长度、平均边长可放长,但最大长度不应大于表中规定相应长度的 2 倍。

表 2-3 图根导线测量的技术指标

比例尺	附合导线长度（m）	平均边长（m）	相对闭合差	测角中误差（"）		测回数	方位角闭合差（"）	
				一般	首级控制		一般	首级控制
1：500	900	80	1/4000	±30	±20	1	±60$\sqrt{n}$	±40$\sqrt{n}$
1：1000	1800	150						
1：2000	3000	250						

注：n 为测站数。

1. 导线布设形式

将测区内相邻控制点连成直线而构成的折线图形称为导线，构成导线的控制点称为导线点。导线测量就是依次测定各导线边的长度和各转折角值，再根据起算数据，推算各边的坐标方位角，从而求出各导线点的坐标。

导线测量是建立小区域平面控制网常用的一种方法，根据测区的具体情况，单一导线的布设有下列三种基本形式（图 2-1）：

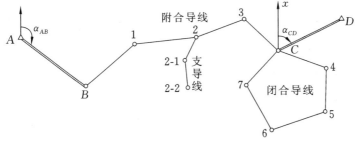

图 2-1 导线布设形式

（1）闭合导线

以高级控制点 C、D 中的 C 点为起始点，并以 C-D 边的坐标方位角 α_{CD} 为起始坐标方位角，经过 4、5、6、7 点仍回到起始点 C，形成一个闭合多边形的导线称为闭合导线。

（2）附合导线

以高级控制点 A、B 中的 B 点为起始点，以 AB 边的坐标方位角 α_{AB} 为起始坐标方位角，经过 1、2、3 点，附合到另外两个高级控制点 C、D 中的 C 点，并以 C-D 边的坐标方位角 α_{CD} 为终边坐标方位角，这样的导线称为附合导线。

（3）支导线

由已知点 2 出发延伸出去（如 2-1、2-2 两点）的导线称为支导线，由于支导线缺少对观测数据的检核，故其边数及总长都有限制。

2. 导线测量的外业工作

导线测量的外业工作包括踏勘选点及建立标志、量边、测角和连测，现分述如下。

（1）踏勘选点及建立标志

在踏勘选点前，应调查收集测区已有地形图和高一级控制点的成果资料，把控制点展绘在地形图上，然后在地形图上拟定导线的布设方案，最后到野外去踏勘，实地核对、修改、落实点位。如果测区没有地形图资料，则需详细踏勘现场，根据已知控制点的分布、测区地形条件及测图和施工需要等具体情况，合理选定导线点的位置。

实地选点时，应注意下列几点：

① 相邻点间通视良好，地势较平坦，便于测角和量距；

② 点位应选在土质坚实处，便于保存标志和安置仪器；

③ 视野开阔，便于施测碎部；

④ 导线各边的长度应大致相等，各等级导线平均边长参见表 2-2 和表 2-3；

⑤ 导线点应有足够的密度，且分布均匀，便于控制整个测区。

导线点选定后，要在每个点位上打一大木桩（图 2-2），桩顶钉一小钉，作为临时性标志。若导线点需要保存的时间较长，就要埋设混凝土桩（图 2-3），桩顶刻"十"字，作为永久标志。导线点应统一编号。为了便于寻找，应量出导线点与附近固定而明显的地物点的距离，绘一草图，注明尺寸，称为"点之记"（图 2-4）。

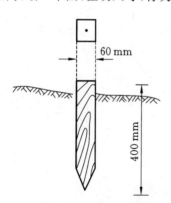

图 2-2　（临时）导线点的埋设

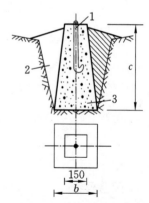

图 2-3　（永久）导线点的埋设

1—粗钢筋；2—回填土；3—混凝土；

b,c—视埋设深度而定

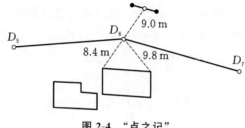

图 2-4　"点之记"

（2）量边

图根导线的边长可用全站仪单向施测。

（3）测角

用测回法施测导线左角（位于导线前进方向左侧的角）或右角（位于导线前进方向右侧的角），一般在附合导线或支导线中，是测量导线的左角，在闭合导线中均测内角。若闭合导线按顺时针方向编号，则其右角就是内角。

不同等级的导线的测角主要技术要求已列入表 2-2 和表 2-3 中，对于图根导线，一般用 6″级仪器一测回测定水平角。

（4）连测

如图 2-5 所示，导线与高级控制点连接，必须观测连接角 β_B、β_1，连接边 D_B1 作为传递坐标方位角和传递坐标之用。如果附近无高级控制点，则应用罗盘仪施测导线起始边的磁方位角，并假定起始点的坐标作为起算数据。

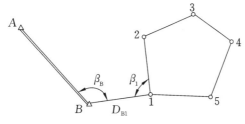

图 2-5　导线连测

3. 导线内业计算准备工作

导线测量内业计算的目的就是求得各导线点的坐标。计算之前，应注意以下几点：

① 应全面检查导线测量外业记录、数据是否齐全，有无记错、算错，成果是否符合精度要求，起算数据是否准确。

② 绘制导线略图，把各项数据标注于图上相应位置，如图 2-6 所示。

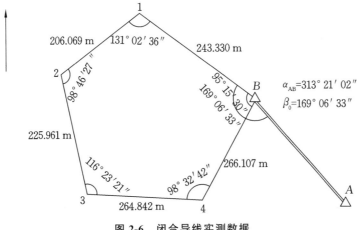

图 2-6　闭合导线实测数据

③ 确定内业计算中数字取位的要求，角值取至秒（″），边长和坐标取至毫米（mm）。

4. 导线测量的内业计算

(1) 闭合导线坐标计算

以图 2-6 中的实测数据为例,说明闭合导线坐标计算的步骤:

① 准备工作

将校核过的外业观测数据及起算数据填入"闭合导线坐标计算表"(表 2-4),起算数据用双线表明。

② 角度闭合差的计算与调整

n 边形闭合导线内角和的理论值为

$$\sum \beta_{\text{理}} = (n-2) \times 180° \tag{2-1}$$

由于观测角不可避免地含有误差,致使实测的内角之和 $\sum \beta_{\text{测}}$ 不等于理论值 $\sum \beta_{\text{理}}$,而产生角度闭合差 f_β,其计算式为:

$$f_\beta = \sum \beta_{\text{测}} - \sum \beta_{\text{理}} \tag{2-2}$$

各级导线角度闭合差的容许值 $f_{\beta \text{容}}$,见表 2-2 及表 2-3,f_β 超过 $f_{\beta \text{容}}$,则说明所测角度不符合要求,应重新检测角度。若 f_β 不超过 $f_{\beta \text{容}}$,可将角度闭合差反符号平均分配到各观测角度中。

改正后内角和应为 $(n-2) \times 180°$,本例应为 $540°$,作为计算校核。

③ 推算各边的坐标方位角

根据起始边的已知坐标方位角及改正后的水平角,按下列公式推算其他各前视导线边的坐标方位角:

$$\alpha_{\text{前}} = \alpha_{\text{后}} + \beta_{\text{左}} - 180° \tag{2-3}$$

或

$$\alpha_{\text{前}} = \alpha_{\text{后}} - \beta_{\text{右}} + 180° \tag{2-4}$$

本例观测左角,按式(2-3)推算出导线各边的坐标方位角,列入表 2-4,中,在推算过程中必须注意:

a. 如果推算出的 $\alpha_{\text{前}} > 360°$,则应减去 $360°$;

b. 如果推算出的 $\alpha_{\text{前}} < 0°$,则应加上 $360°$;

c. 闭合导线各边坐标方位角的推算,直至最后推算出的起始边坐标方位角,它应与原有的起始已知方位角度值相等,否则应重新检查计算。

④ 坐标增量的计算及其闭合差的调整

a. 坐标增量的计算

如图 2-7 所示,设点 1 的坐标 (x_1, y_1) 和 1-2 边的坐标方位角 α_{12} 均为已知,水平距离 D_{12} 也已测得,则点 2 的坐标为

$$\begin{cases} x_2 = x_1 + \Delta x_{12} \\ y_2 = y_1 + \Delta y_{12} \end{cases}$$

式中，Δx_{12}、Δy_{12} 称为坐标增量，也就是直线两端点的坐标值之差。

上式说明，欲求待定点的坐标，必须先求出坐标增量，根据图 2-7 中的几何关系，可写出坐标增量的计算公式（即坐标正算公式）：

$$\begin{cases}\Delta x_{12}=D_{12}\cdot\cos\alpha_{12}\\\Delta y_{12}=D_{12}\cdot\sin\alpha_{12}\end{cases} \tag{2-5}$$

式中，Δx 及 Δy 的正负号由 $\cos\alpha$ 及 $\sin\alpha$ 的正负号决定。

本例按式(2-5)所算得的坐标增量，填入表 2-4。

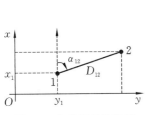

图 2-7　坐标增量的计算

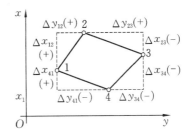

图 2-8　坐标增量闭合差

b. 坐标增量闭合差的计算与调整

从图 2-8 中可以看出，闭合导线纵、横坐标增量代数和的理论值应为零，即

$$\begin{cases}\sum\Delta x_{理}=0\\\sum\Delta y_{理}=0\end{cases} \tag{2-6}$$

实际上由于量边的误差，往往使 $\sum\Delta x_{测}$、$\sum\Delta y_{测}$ 不等于零，而产生纵坐标增量闭合差 f_x 与横坐标增量闭合差 f_y，即

$$\begin{cases}f_x=\sum\Delta x_{测}-\sum\Delta x_{理}\\f_y=\sum\Delta y_{测}-\sum\Delta y_{理}\end{cases} \tag{2-7}$$

从图 2-9 明显看出，由于 f_x、f_y 的存在，使导线不能闭合，$1-1'$ 之长度 f_D 称为导线全长闭合差，并用下式计算：

$$f_D=\sqrt{f_x^2+f_y^2} \tag{2-8}$$

仅从 f_D 值的大小还不能说明导线测量的精度是否满足要求，故应当将 f_D 与导线全长 $\sum D$ 相比，以分子为 1 的分数来表示导线全长相对闭合差，即

$$K=\frac{f_D}{\sum D}=\frac{1}{\sum D/f_D} \tag{2-9}$$

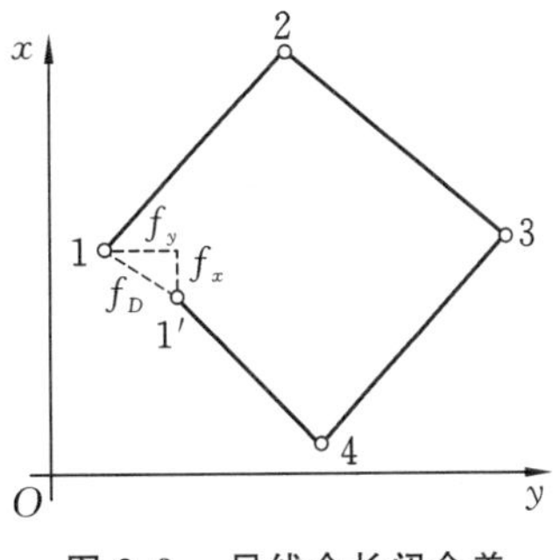

图 2-9　导线全长闭合差

即以导线全长相对闭合差 K 来衡量导线测量的精度较为合理，K 的分母值越大，精度越高。不同等级的导线全长相对闭合差的容许值 $K_{容}$ 见表 2-2 和表 2-3。若 K 超过 $K_{容}$，则说明成果不合格，此时应首先检查内业计算有无错误，

必要时重测导线边长。若 K 不超过 $K_容$，则说明成果符合精度要求，可以进行调整，将 f_x、f_y 反其符号按边长成正比例分配到各边的纵、横坐标增量中去。以 v_{xi}、v_{yi} 分别表示第 i 边的纵、横坐标增量改正数，即：

$$\begin{cases} v_{xi} = -\dfrac{f_x}{\sum D} \cdot D_i \\[3mm] v_{yi} = -\dfrac{f_y}{\sum D} \cdot D_i \end{cases} \tag{2-10}$$

纵、横坐标增量改正数之和应满足下式：

$$\begin{cases} \sum v_x = -f_x \\[2mm] \sum v_y = -f_y \end{cases} \tag{2-11}$$

计算出的各边坐标增量改正数填入表。

⑤ 计算各导线点的坐标

根据起点 B 的已知坐标（$x_B = 609.654$，$y_B = 1170.780$）及改正后各边坐标增量，用下式依次推算 1、2、3、4 各点的坐标：

$$\begin{cases} x_前 = x_后 + \Delta x_改正 \\[2mm] y_前 = y_后 + \Delta y_改正 \end{cases} \tag{2-12}$$

算得的坐标值填入表 2-4，最后还应推算起点 B 的坐标，其值应与原有的已知数值相等，以作校核。

(2) 附合导线坐标计算

附合导线的坐标计算步骤与闭合导线相同，角度闭合差与坐标增量闭合差的计算公式和调整原则也与闭合导线相同，即：

$$f_\beta = \sum \beta_测 - \sum \beta_理$$

$$\begin{cases} f_x = \sum \Delta x_测 - \sum \Delta x_理 \\[2mm] f_y = \sum \Delta y_测 - \sum \Delta y_理 \end{cases}$$

但对于附合导线，闭合差计算公式中的 $\sum \beta_理$、$\sum \Delta x_理$、$\sum \Delta y_理$ 与闭合导线不同。下面主要介绍其不同点。

① 角度闭合差中 $\sum \beta_理$ 的计算

设有附合导线如图 2-10 所示，已知起始点 A 和 B 的坐标、终边 C 和 D 的坐标。观测所有右角（包括连接角 β_B 和 β_C），由式（2-4）有：

$$\alpha_{B1} = \alpha_{AB} - \beta_B + 180°; \qquad \alpha_{12} = \alpha_{B1} - \beta_1 + 180°;$$
$$\alpha_{23} = \alpha_{12} - \beta_2 + 180° \qquad \alpha_{34} = \alpha_{23} - \beta_3 + 180°;$$
$$\alpha_{4C} = \alpha_{34} - \beta_4 + 180°; \qquad \alpha_{CD} = \alpha_{4C} - \beta_C + 180°$$

将以上各式左、右分别相加，得：

$$\alpha_{CD} = \alpha_{AB} - \sum \beta^右 + 6 \times 180°$$

表 2-4　闭合导线坐标计算表

点号	观测角 (° ′ ″)	改正数 (″)	改正角 (° ′ ″)	方位角(α) (° ′ ″)	边长(D) (m)	坐标增量 Δx (m)	坐标增量 Δy (m)	改正后坐标增量 Δx (m)	改正后坐标增量 Δy (m)	坐标 x (m)	坐标 y (m)
A				313 21 02							
B	169 06 33		169 06 33	302 27 35	243.330	−20 / +130.597	−11 / −205.314	+130.577	−205.324	609.654	1170.780
1	131 02 36	−7	131 02 29	253 30 04	206.069	−17 / −58.523	−9 / −197.584	−58.540	−197.593	740.231	965.455
2	98 46 27	−8	98 46 19	172 16 23	225.961	−19 / −223.909	−10 / +30.381	−223.928	+30.371	681.691	767.862
3	116 23 21	−7	116 23 14	108 39 37	264.842	−22 / −84.738	−12 / +250.920	−84.760	+250.908	457.763	798.233
4	98 32 42	−7	98 32 35	27 12 12	266.107	−22 / +236.673	−12 / +121.651	+236.651	+121.639	373.004	1049.141
B	95 15 30	−7	95 15 23	302 27 35						609.654	1170.780
1											
Σ	540 00 36		540 00 00		1206.309	+0.100	+0.054	0.000	0.000		

辅助计算：

$$\sum \beta_{理} = (n-2)\cdot 180° = 540°$$

$$f_{\beta} = \sum \beta_{测} - \sum \beta_{理} = +36''$$

$$f_{\beta容} = \pm 40''\sqrt{5} = \pm 89''$$

$$f_x = \sum \Delta X_{测} = +0.100\text{m}$$

$$f_y = \sum \Delta Y_{测} = +0.054\text{m}$$

$$f_D = \sqrt{f_x^2 + f_y^2} = 0.114\text{m}$$

$$K = f_D / \sum D = 0.114/1206.309 = 1/10508$$

$$K_{容} = 1/2000$$

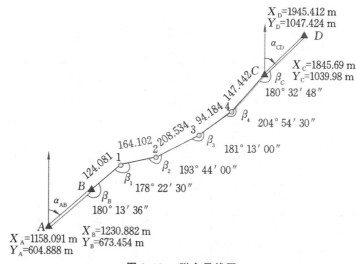

图 2-10 附合导线图

写成一般公式为:

$$\alpha_{终} = \alpha_{始} - \sum \beta_{右} + n \times 180° \tag{2-13}$$

式中,n 为水平角观测个数。

满足上式的 $\sum \beta_{右}$ 即为其理论值。将上式整理可得:

$$\sum \beta_{理}^{右} = \alpha_{始} - \alpha_{终} + n \times 180° \tag{2-14}$$

若观测左角,同样可得:

$$\sum \beta_{理}^{左} = \alpha_{终} - \alpha_{始} + n \times 180° \tag{2-15}$$

② 坐标增量闭合差中 $\sum \Delta x_{理}$、$\sum \Delta y_{理}$ 的计算

对于图 2-10 的附合导线,有:

$$\begin{cases} \sum \Delta x_{理} = x_{终} - x_{始} \\ \sum \Delta y_{理} = y_{终} - y_{始} \end{cases} \tag{2-16}$$

即附合导线的坐标增量代数和的理论值应等于终、始两点的已知坐标值之差。

附合导线的导线全长闭合差、相对全长闭合差和容许相对闭合差的计算,以及增量闭合差的调整等,均与闭合导线相同。

附合导线坐标计算的全过程见表 2-5 的算例。

(3) 支导线的坐标计算

附合导线内业计算

支导线中没有多余观测值,因此也没有闭合差产生,导线转折角和计算的坐标增量均不需要进行改正。支导线的计算步骤如下:

① 根据观测的转折角推算各边坐标方位角;

② 根据各边坐标方位角和边长计算坐标增量;

③ 根据各边的坐标增量推算各点的坐标。

以上各计算步骤的计算方法同闭合导线。

表 2-5 附合导线坐标计算表

点号	转折角 观测角 °	'	"	改正数 "	改正角 °	'	"	方位角(α) °	'	"	边长(D) m	坐标增量 Δx m	坐标增量 Δy m	改正后坐标增量 Δx m	改正后坐标增量 Δy m	坐标 x m	坐标 y m
A								43	17	12						1158.091	604.888
B	180	13	36	+8	180	13	44	43	03	28	124.081	−0.017 / +90.662	+0.019 / +84.715	+90.645	+84.734	1230.882	673.454
1	178	22	30	+8	178	22	38	44	40	50	164.102	−0.022 / +116.683	+0.025 / +115.389	+116.661	+115.414	1321.527	758.188
2	193	44	00	+8	193	44	08	30	56	42	208.534	−0.029 / +178.852	+0.031 / +107.231	+178.823	+107.262	1438.188	873.602
3	181	13	00	+8	181	13	08	29	43	34	94.184	−0.013 / +81.790	+0.014 / +46.702	+81.777	+46.716	1617.011	980.864
4	204	54	30	+8	204	54	38	4	48	56	147.442	−0.020 / +146.922	+0.022 / +12.378	+146.902	+12.400	1698.788	1027.580
C	180	32	48	+8	180	32	56	4	16	00						1845.690	1039.980
D																1945.412	1047.424
Σ	1119	00	24		1119	01	12				738.343	+614.909	+366.415	+614.808	+366.526		

辅助计算

$$\sum\beta_{理} = \sum\beta_{右} = \alpha_{始} - \alpha_{终} + n \times 180° = 1119°01'12''$$

$$f_\beta = \sum\beta_{测} - \sum\beta_{理} = -48''$$

$$f_{\beta容} = \pm 40''\sqrt{6} = \pm 98''$$

$$f_x = \sum\Delta x_{测} - (x_C - x_B) = +614.909 - (1845.690 - 1230.882) = +0.101\,\text{m}$$

$$f_y = \sum\Delta y_{测} - (y_C - y_B) = +366.415 - (1039.930 - 673.454) = -0.111\,\text{m}$$

$$f_D = \sqrt{f_x^2 + f_y^2} = 0.150\,\text{m}$$

$$K = f / \sum D = 0.150/738.343 = 1/4922 \qquad K_容 = 1/2000$$

【知识加油站】极坐标法图根点测量

采用电磁波测距极坐标法测量图根点时,宜采用 6″级仪器,应一测回测定角度、距离。应在等级控制点或一次附合图根点上进行,且应联测两个已知方向,其主要技术要求应符合表 2-6 的规定,其最大边长按测图比例尺分别加以控制,1∶500 应不大于300 m,1∶1000 应不大于 500 m,1∶2000 应不大于 700 m。在等级控制点上独立测量时,可直接测定图根点的坐标和高程,并应将上、下两半测回的观测值作为最终观测成果。

表 2-6　极坐标法测量技术指标

6″级测角仪器	距离测量	半测回较差(″)	测距读数较差(mm)	高程较差	两组计算坐标较差(m)
1	单向施测一测回	≤30	≤20	$\leqslant \frac{1}{5}H_d$	$0.2 \times M \times 10^{-3}$

注:H_d 为基本等高距;M 为比例尺分母。

子任务 2　高程控制测量

根据测区的自然地理状况和已知点的数量及分布状况,可将水准路线的布设形式分为单一水准路线(附合水准路线、闭合水准路线、支水准路线)和水准网。

在拟定水准路线以前,应收集已有的水准点、三角点、导线点的成果资料,原有旧图,测区地理状况,然后到实地踏勘,了解已知点的完好状况和实地的地形情况。结合作业目的和任务,进行综合分析和研究,根据所确定的水准测量等级做好技术设计。首先在旧图上,根据已知点的分布状况和自然地理状况,确定布设什么样的水准路线,然后从已知高程点出发,选择坡度较小,设站较少,土质坚硬,易于通过的施测路线,根据有关规范规定的水准路线长度,确定出各未知点的高程。

在进行水准路线设计时,可将已有的三角点、导线点等平面控制点包括在内(因这些点还需测量出高程),如需单独选定水准点,应埋设标石。基本控制点的标石,通常用混凝土制作,可以预制,也可以现场浇灌,其尺寸如图 2-11 所示。所有水准点(含水准路线中的三角点、导线点等)埋石后,应绘制出埋石点的"点之记",如图 2-12 所示,以便于以后使用时寻找。对于临时性的点位,可打木桩或选定坚固的地物,如水泥墩、大岩石等,并在上面做明显标志。

1. 水准测量(三、四等)的主要技术要求

三、四等水准路线一般沿道路布设,尽量避开土质松软地段,水准点间的距离一般为2～4 km,在城市建筑区为 1～2 km。

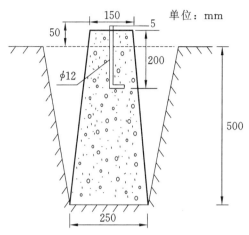

图 2-11　基本控制点标石规格及埋设图

点名	Ⅳ25
标石类型	普通水准点标石
所在地点	古城县金店中学

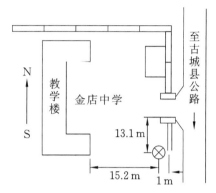

图 2-12　水准点点之记

水准点应选在地基稳固,能长久保存和便于观测的地方。

依照《工程测量标准》(GB 50026—2020),三、四等水准测量的主要技术要求见表 2-7;在观测中,对每一测站的技术要求见表 2-8。

表 2-7　水准测量的主要技术要求

等级	每千米高差全中误差(mm)	路线长度(km)	水准仪级别	水准尺	观测次数		往返较差、附合或环线闭合差	
					与已知点联测	附合或环线	平地(mm)	山地(mm)
三等	6	≤50	DS1、DSZ1	条码因瓦、线条式因瓦	往返各一次	往一次	$12\sqrt{L}$	$4\sqrt{n}$
			DS3、DSZ3	条码式玻璃钢、双面		往返各一次		
四等	10	≤16	DS3、DSZ3	条码式玻璃钢、双面	往返各一次	往一次	$20\sqrt{L}$	$6\sqrt{n}$
五等	15		DS3、DSZ3	条码式玻璃钢、单面	往返各一次	往一次	$30\sqrt{L}$	

注:① 结点之间或结点与高级点之间,其路线的长度,不应大于表中规定的 0.7 倍。

② L 为往返测段、附合或环线的水准路线长度(km);n 为测站数。

③ 数字水准仪测量的技术要求和同等级的光学水准仪相同。

表 2-8 三、四等水准测量测站技术要求

等级	水准仪型号	视线长度（m）	视线高度（m）	前后视距离差（m）	前后视距累积差（m）	红黑面读数差（mm）	红黑面所测高差之差（mm）
三等	DS3	≤75	≥0.3	≤3	≤6	≤2	≤3
四等	DS3	≤100	≥0.2	≤5	≤10	≤3	≤5

注：① 三、四等水准测量采用变动仪器高度观测单面水准尺时，所测两次高差较差，应与黑面、红面所测高差之差的要求相同；

② 数字水准仪观测，不受基、辅分划或黑、红面读数较差指标的限制，但测站两次观测的高差较差，应满足表中相应等级基、辅分划或黑、红面所测高差较差的限值。

2. 水准测量方法（三、四等）

（1）观测方法

三、四等水准测量的观测应在通视良好、望远镜成像清晰稳定的情况下进行。以下介绍用双面水准尺法在一个测站的观测程序：

① 后视水准尺黑面，读取上、下视距丝和中丝读数，记入记录表（表 2-9）中(1)、(2)、(3)；

② 前视水准尺黑面，读取上、下视距丝和中丝读数，记入记录表中(4)、(5)、(6)；

③ 前视水准尺红面，读取中丝读数，记入记录表中(7)；

④ 后视水准尺红面，读取中丝读数，记入记录表中(8)。

这样的观测顺序简称为"后-前-前-后"，其优点是可以减弱仪器下沉误差的影响，概括起来，每个测站共需读取 8 个读数，并立即进行测站计算与检核，满足三、四等水准测量的有关限差要求后（表 2-8）方可迁站。

表 2-9 四等水准测量记录

点号 视距差 $d/\sum d$	后尺 上丝 下丝 视距	前尺 上丝 下丝 视距	向	中线读数 黑面	中线读数 红面		
	(1)	(4)	后	(3)	(8)	(14)	(18)
	(2)	(5)	前	(6)	(7)	(13)	
(11)/(12)	(9)	(10)	后一前	(15)	(16)	(17)	
BM.~TP.1	1329	1173	后	1080	5767	0	+0.1475
	0831	0693	前	0933	5719	+1	
+1.8/+1.8	49.8	48.0	后一前	+0.147	+0.048	-1	

续表 2-9

点号	后尺	上丝	前尺	上丝	向	中线读数			
		下丝		下丝					
视距差 $d/\sum d$		视距		视距		黑面	红面		
TP.'~TP.2	2018		2467		后	1779	6567	1	
	1540		1978		前	2223	6910	0	0.4435
−1.1/+0.7	47.8		48.9		后－前	−0.444	−0.343	1	

注:表中所示(1),(2),…,(18)表示读数、记录和计算的顺序。

(2) 测站计算与检核

① 视距计算与检核

根据前、后视的上、下视距丝读数计算前、后视的视距。

后视距离:(9)＝100×{(1)－(2)}

前视距离:(10)＝100×{(4)－(5)}

计算前、后视距离差(11):(11)＝(9)－(10)

计算前、后视距离累积差(12):(12)＝上站(12)＋本站(11)

以上计算所得前、后视距,视距差及视距累积差均应满足表 2-8 中的要求。

② 尺常数 K 检核

尺常数为同一水准尺黑面与红面读数差。尺常数误差计算式为

(13)＝(6)＋K_i－(7)

(14)＝(3)＋K_i－(8)

K_i 为双面水准尺的红面分划与黑面分划的零点差(A 尺:K_1＝4687 mm;B 尺:K_2＝4787 mm)。对于三等水准测量,尺常数误差不得超过 2 mm;对于四等水准测量,不得超过 3 mm。

③ 高差计算与检核

按前、后视水准尺红、黑面中丝读数分别计算该站高差:

黑面高差:(15)＝(3)－(6)

红面高差:(16)＝(8)－(7)

红黑面高差之误差:(17)＝(14)－(13)

对于三等水准测量,(17)不得超过 3 mm;对于四等水准测量,不得超过 5 mm。红黑面高差之差在容许范围以内时取其平均值,作为该站的观测高差:

$$(18)＝\{(15)＋[(16)\pm100 \text{ mm}]\}/2$$

上式计算时,当(15)＞(16),100 mm 前取正号计算;当(15)＜(16),100 mm 前取负号计算。总之,平均高差(18)应与黑面高差(15)很接近。

④ 每页水准测量记录计算校核

每页水准测量记录应作总的计算校核：

高差校核：$\sum(3) - \sum(6) = \sum(15)$

$$\sum(8) - \sum(7) = \sum(16)$$

$$\sum(15) + \sum(16) = 2\sum(18)（偶数站）$$

或

$$\sum(15) + \sum(16) = 2\sum(18) \pm 100 \text{ mm}（奇数站）$$

视距差校核：$\sum(9) - \sum(10) = $ 本页末站(12) $-$ 前页末站(12)

本页总视距：$\sum(9) + \sum(10)$

3. 水准测量成果整理

测站校核只能检查每一个测站所测高差是否正确，对于整条水准路线来说，还不能说明它的精度是否符合要求。例如在仪器搬站期间，转点的尺垫被碰动、下沉等引起的误差，在测站校核中无法发现，而水准路线的高差闭合差却能反映出来。因此，水准测量外业观测结束后，首先应复查与检核记录手簿，并按水准路线布设形式进行成果整理，其内容包括：水准路线高差闭合差计算与校核；高差闭合差的分配和计算改正后的高差；计算各点改正后的高程。

（1）**高差闭合差的计算与校核**

① 支水准路线

如图 2-13(a)所示的支水准路线，沿同一路线进行了往返观测，由于往返观测的方向相反，因此往测和返测的高差绝对值相同而符号相反，即往测高差总和 $\sum h_{往}$ 与返测高差总和 $\sum h_{返}$ 的代数和在理论上应等于零，但由于测量中各种误差的影响，往测高差总和与返测高差总和的代数和不等于零，即有高差闭合差 f_h 为

$$f_h = \sum h_{往} + \sum h_{返} \tag{2-17}$$

② 闭合水准路线

如图 2-13(b)所示的闭合水准路线，因起点和终点均为同一点 $BM.A$，构成一个闭合环，因此闭合水准路线所测得各测段高差的总和理论上应等于零，即 $\sum h_{理} = 0$。设闭合水准路线实际所测得各测段高差的总和为 $\sum h_{测}$，其高差闭合差为

$$f_h = \sum h_{测} - \sum h_{理} = \sum h_{测} \tag{2-18}$$

③ 附合水准路线

如图 2-13(c)所示的附合水准路线，因起点 $BM.A$ 和终点 $BM.B$ 的高程 H_A、H_B 已知，两点之间的高差是固定值，因此附合水准路线所测得的各测段高差的总和理论上应等于起终点高程之差，即

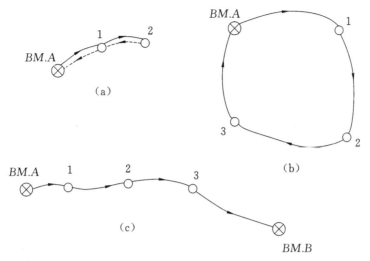

图 2-13　水准测量路线

$$\sum h_{理} = H_B - H_A \qquad (2\text{-}19)$$

附合水准路线实测的各测段高差总和 $\sum h_{测}$ 与高差理论值之差即为附合水准路线的高差闭合差,即

$$f_h = \sum h_{测} - (H_B - H_A) \qquad (2\text{-}20)$$

由于水准测量中仪器误差、观测误差以及外界的影响,使水准测量中不可避免地存在着误差,高差闭合差就是水准测量观测误差中上述各误差影响的综合反映。为了保证观测精度,对高差闭合差应作出一定的限制,即计算所得高差闭合差 f_h 应在规定的容许范围内。计算高差闭合差 f_h 不超过容许值(即 $f_h \leqslant f_{h容}$)时,认为外业观测合格,否则应查明原因返工重测,直至符合要求为止。

(2) 高差闭合差的分配和计算改正后的高差

当计算出的高差闭合差在容许范围内时,可进行高差闭合差的分配,分配原则是:对于闭合或附合水准路线,按与路线长度 L 或按路线测站数 n 成正比的原则,将高差闭合差反其符号进行分配。用数学公式表示为

$$v_{h_i} = -\frac{f_h}{L} \cdot L_i \qquad (2\text{-}21)$$

或

$$v_{h_i} = -\frac{f_h}{n} \cdot n_i \qquad (2\text{-}22)$$

式中:L 为水准路线总长度;L_i 为第 i 测段的路线长;n 为水准路线总测站数;n_i 为第 i 测段路线测站数;v_{h_i} 为分配给第 i 测段观测高差 h_i 上的改正数;f_h 为水准路线高差闭合差。

高差改正数计算校核式为 $\sum v_{h_i} = -f_h$，若满足则说明计算无误。

最后计算改正后的高差 $\hat{h}_i$，它等于第 i 测段观测高差 h_i 加上其相应的高差改正数 v_{h_i}，即

$$\hat{h}_i = h_i + v_{h_i} \qquad\qquad (2\text{-}23)$$

（3）计算各点改正后的高程

根据已知水准点高程和各测段改正后的高差 $\hat{h}_i$，依次逐点推求各点改正后的高程，作为普通水准测量高程的最后成果。推求到最后一点高程值应与闭合或附合水准路线的已知水准点高程值完全一致。

（4）算例一

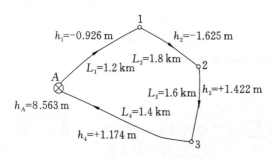

图 2-14 闭合水准路线略图

如图 2-14 所示的平原地区闭合水准路线，$BM.A$ 为已知水准点，按普通水准测量的方法测得各测段观测高差和测段路线长度分别标注在水准路线上。现将此算例高差闭合差的分配和改正后高差及高程计算成果列于表 2-10 中。表 2-10 中 $f_h \leqslant f_{h容}$，外业观测成果合格可用。

表 2-10 闭合水准路线测量成果计算表

点号	路线长度 L（km）	观测高差 h_i（m）	高差改正数 v_{h_i}（m）	改正后高差 $\hat{h}_i$（m）	高程 H（m）	备注
$BM.A$					8.563	已知
	1.2	−0.926	−0.009	−0.935		
1					7.628	
	1.8	−1.625	−0.014	−1.639		
2					5.989	
	1.6	+1.422	−0.012	+1.410		
3					7.399	
	1.4	+1.174	−0.010	+1.164		
$BM.A$					8.563	已知
$\sum$	6.0	+0.045	−0.045	0.000		

$f_h = \sum h_测 = +45 \text{ mm}$ $\qquad\qquad\qquad$ $f_{h容} = \pm 40\sqrt{L} = \pm 98 \text{ mm}$

$v_{h_i} = -\dfrac{f_h}{L} = -\dfrac{45}{6.0} = -7.5 \text{ mm/km}$ $\qquad$ $\sum v_{h_i} = -45 \text{ mm} = -f_h$

（5）算例二

如图 2-15 所示的丘陵地区附合水准路线，$BM.A$ 和 $BM.B$ 为已知水准点，按普通水准测量的方法测得各测段观测高差和测段路线测站数分别标注在路线的上、下方。现将此算例高差闭合差的分配和改正后高差及高程计算成果列于表 2-11 中，$f_h \leqslant f_{h容}$，外业观测成果合格可用。

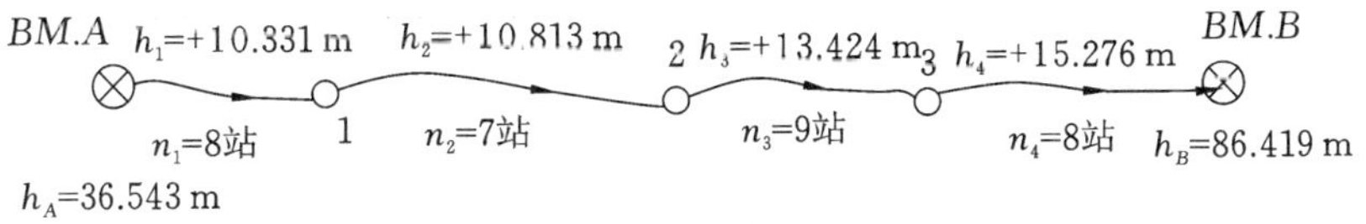

图 2-15　附合水准路线略图

表 2-11　附合水准路线测量成果计算表

点号	测站数 n（站）	观测高差 h_i（m）	高差改正数 v_{h_i}（m）	改正后高差 h_i（m）	高程 H（m）	备注
$BM.A$					36.543	已知
	8	+10.331	+0.008	+10.339		
1					46.882	
	7	+10.813	+0.007	+10.820		
2					57.702	
	9	+13.424	+0.009	+13.433		
3					71.135	
	8	+15.276	+0.008	+15.284		
$BM.B$					86.419	已知
$\sum$	32	+49.844	+0.032	+49.876		

$$f_h = \sum h_{测} - (H_B - H_A) = -32 \text{ mm} \qquad f_{h容} = \pm 12\sqrt{n} = \pm 68 \text{ mm}$$

$$v_{h站} = -\frac{f_h}{\sum n} = -\frac{(-32)}{32} = +1 \text{ mm/站} \qquad \sum v_{h_i} = +32 \text{ mm} = -f_h$$

【知识加油站】光电测距三角高程测量

当地形高低起伏较大不便于水准测量时，由于光电测距仪和全站仪的普及，可以用光电测距三角高程测量的方法测定两点间的高差，从而推算各点的高程。

依照《工程测量标准》（GB 50026—2020），光电测距三角高程测量的主要技术要求见表 2-12。

表 2-12 图根电磁波测距三角高程测量的主要技术要求

每千米高差全中误差（mm）	附合路线长度（km）	仪器精度等级	中丝法测回数	指标差较差（″）	垂直角较差（″）	对向观测高差较差（mm）	附合或环形闭合差（mm）
±20	≤5	6″级仪器	2	25	25	$\pm 80\sqrt{D}$	$\pm 40\sqrt{\sum D}$

注：D 为电磁波测距边的长度（km）。

1. 三角高程测量的计算公式

如图 2-16 所示，已知 A 点的高程 H_A，要测定 B 点的高程 H_B，可安置全站仪于 A 点，量取仪器高 i_A；在 B 点安置棱镜，量取其高度称为棱镜高 v_B；用全站仪中丝瞄准棱镜中心，测定竖直角 α。再测定 AB 两点间的水平距离 D（注：全站仪可直接测量平距），则 AB 两点间的高差计算式为

$$h_{AB} = D\tan\alpha + i_A - v_B \tag{2-24}$$

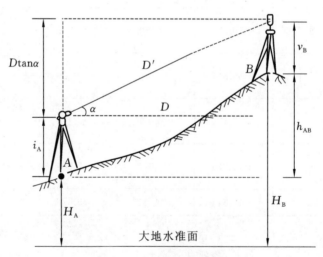

图 2-16 三角高程测量原理

求得高差 h_{AB} 以后，按下式计算 B 点的高程：

$$H_B = H_A + h_{AB} \tag{2-25}$$

在三角高程测量公式(2-24)的推导中，假设大地水准面是平面（图 2-16），但事实上大地水准面是一曲面，因此三角高程测量公式(2-24)计算的高差应进行地球曲率影响的改正，称为球差改正 f_1，如图 2-17 所示得

$$f_1 = \Delta h = \frac{D^2}{2R} \tag{2-26}$$

式中，R 为地球平均曲率半径，一般取 $R = 6371$ km。

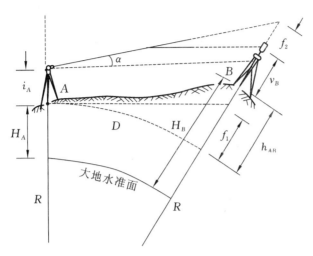

图 2-17　地球曲率及大气折光影响

另外,由于视线受大气垂直折光影响而成为一条向上凸的曲线,使视线的切线方向向上抬高,测得竖直角偏大,如图 2-17 所示。因此,还应进行大气折光影响的改正,称为气差改正 f_2,f_2 恒为负值。

气差改正 f_2 的计算公式为

$$f_2 = -k \cdot \frac{D^2}{2R} \tag{2-27}$$

式中,k 为大气垂直折光系数。

球差改正和气差改正合称为球气差改正 f,则 f 应为

$$f = f_1 + f_2 = (1-k) \cdot \frac{D^2}{2R} \tag{2-28}$$

大气垂直折光系数 k 随气温、气压、日照、时间、地面情况和视线高度等因素而改变,一般取其平均值,令 $k = 0.14$。在表 2-13 中列出了水平距离 $D = 100 \sim 1000$ m 的球气差改正值 f,由于 $f_1 > f_2$,故 f 恒为正值。

考虑球气差改正时,三角高程测量的高差计算公式为

$$h_{AB} = D\tan\alpha + i_A - v_B + f \tag{2-29}$$

$$h_{AB} = D'\sin\alpha + i_A - v_B + f \tag{2-30}$$

式中,D' 为两点间斜距。

由于折光系数的不定性,使球气差改正中的气差改正具有较大的误差。但是如果在两点间进行对向观测,即测定 h_{AB} 及 h_{BA} 而取其平均值,则由于 f_2 在短时间内不会改变,而高差 h_{BA} 必须反其符号与 h_{AB} 取平均,因此,f_2 可以抵消,因为 f_1 是常数,因此 f_1 也可以抵消,故 f 的误差也就不起作用,所以作为高程控制点进行三角高程测量时必须进行对向观测。

表 2-13　三角高程测量地球曲率和大气折光改正（$k=0.14$）

$D(\text{m})$	$f(\text{mm})$	$D(\text{m})$	$f(\text{mm})$	$D(\text{m})$	$f(\text{mm})$	$D(\text{m})$	$f(\text{mm})$
100	1	350	8	600	24	850	49
170	2	400	11	650	29	900	55
200	3	450	14	700	33	950	61
250	4	500	17	750	38	975	64
300	6	550	20	800	43	1000	67

2. 三角高程测量的观测与计算

（1）三角高程测量的观测

在测站上安置全站仪，量取仪器高 i，在目标点上安置棱镜，量取棱镜高 v。i 和 v 用小钢卷尺量两次取平均，读数至 1 mm。

用全站仪测量目标竖直角，竖直角观测的测回数及限差规定见表 2-12。然后用全站仪测定两点间斜距 D'（或平距 D）。

（2）三角高程测量的计算

三角高程测量的往测或返测高差按式（2-29）或式（2-30）计算。由对向观测所求得往、返测高差（经球气差改正）之差 $f_{\Delta h}$ 的容许值为

$$f_{\Delta h}=\pm 80\sqrt{D}\ (\text{mm}) \tag{2-31}$$

式中，D 为两点间平距，以 km 为单位（参见表 2-12）。

图 2-18 所示为三角高程测量实测数据略图，在 A、B、C 三点间进行三角高程测量，构成闭合线路，已知 A 点的高程为 56.432 m，已知数据及观测数据注明于图上，在表 2-14 中进行高差计算。对向观测高差较差均满足规范要求。

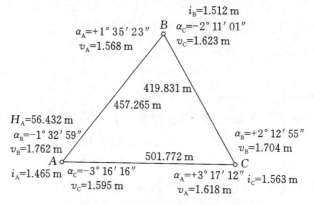

图 2-18　三角高程测量实测数据略图

由对向观测所求得高差平均值,计算闭合环线或附合线路的高差闭合差的容许值为

$$f_{h容} = \pm 40\sqrt{D}\ (\text{mm}) \tag{2-32}$$

式中,D 以 km 为单位(参见表 2-12)。

表 2-14　三角高程测量高差计算　（单位：m)

测站点	A	B	B	C	C	A
目标	B	A	C	B	A	C
水平距离 D	457.265	457.265	419.831	419.831	501.772	501.772
竖直角 α	$-1°32'59''$	$+1°35'23''$	$-2°11'01''$	$+2°12'55''$	$+3°17'12''$	$-3°16'16''$
测站仪器高 i	1.465	1.512	1.512	1.563	1.563	1.465
目标棱镜高 v	1.762	1.568	1.623	1.704	1.618	1.595
球气差改正 f	0.014	0.014	0.012	0.012	0.017	0.017
单向高差 h	-12.654	$+12.648$	-16.107	$+16.111$	$+28.777$	-28.791
平均高差 $\bar{h}$	-12.651		-16.109		$+28.784$	

本例的三角高程测量闭合线路的高差闭合差计算、高差调整及高程计算在表 2-15 中进行。高差闭合差按两点间的距离成正比例反号分配。

表 2-15　三角高程测量成果整理

点号	水平距离（m）	观测高差（m）	改正值（m）	改正后高差（m）	高程（m）
A					56.432
	457.265	-12.651	-0.008	-12.659	
B					43.773
	419.831	-16.109	-0.007	-16.116	
C					27.657
	501.772	$+28.784$	-0.009	$+28.775$	
A					56.432
$\sum$	1378.868	$+0.024$	-0.024	0.000	
备注	$f_h = +0.024$ m, $\sum D = 1.378$ km $f_{h容} = \pm 40\sqrt{\sum D} = \pm 47$ mm, $f_h \leqslant f_{h容}$（合格）				

【任务小结】

本任务的目的就是建立平面控制网及高程控制网,为地形图测绘提供控制基础,碎部测量以此测定地物、地貌特征点的平面坐标和高程,确定地物、地貌的空间分布和相互关系。

任务 2.2 全站仪数据采集

【任务描述】

全野外数字测图是利用全球卫星导航系统（GNSS）、全站仪或其他外业测量仪器在野外进行数字化地形数据采集，在制图软件的支持下，通过计算机处理生成数字测绘成果的方法。其中，全站仪具备坐标测量功能、后方交会测量等程序功能，且不受信号干扰，因此在数字测图外业数据采集中的应用较多。

【任务实施】

本任务主要介绍全站仪在数字测图外业数据采集中的应用。

子任务 1 全站仪坐标测量

在输入测站点坐标、仪器高、目标高和进行后视已知点定向后，利用全站仪的坐标测量功能可以测定目标点的三维坐标，如图 2-19 所示。

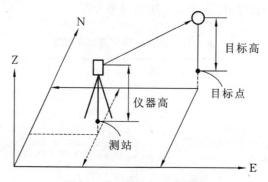

图 2-19 三维坐标测量原理

1. 三维坐标测量

（1）步骤一：输入测站数据

在进行坐标测量前，需要输入测站点坐标、仪器高和目标高等数据，如图 2-20 所示。

① 量取仪器高和目标高；

② 在测量模式第一页菜单下按【坐标】键进入坐标测量屏幕；

③ 选取"测站定向"后选取"测站坐标"，输入测站坐标、仪器高和目标高数据；

④ 若需调用仪器内存中已知坐标数据，按【调取】键；

⑤ 按【OK】键确认输入的坐标值,存储测站数据按【记录】键。

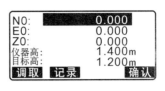

关于调用内存中已知坐标数据的步骤:通过【调取】功能可以调用存储在当前文件中的已知坐标数据、查找坐标文件中的已知坐标数据。

在输入测站数据时按【调取】键,屏幕上将显示出已知坐标数据表,如图 2-21 所示。

点:调用存储在当前文件和查找坐标文件中的已知点数据。

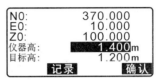

图 2-20 测站数据

坐标或测站:调用存储在当前文件和查找坐标文件中的坐标数据。

① 将光标移至所需点号后按{↵}读入并显示该点号及其坐标,如图 2-22 所示。

图 2-21 调取已知数据

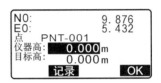

图 2-22 选取已知数据

按[↑↓··P]键后按{▲}或{▼}键显示上一页或下一页;

按[↑↓··P]键后按{▲}或{▼}键将光标移至上一点或下一点;

按【首点】键将光标移至首页的首点;

按【末点】键将光标移至末页的末点;

按【查找】键进入坐标数据查找屏幕,通过输入待查找点的点号来查找所需点,当已知数据较多时搜索时间会较长。

② 按【OK】键确认读入的测站数据。

(2) 步骤二:后视定向

后视定向如图 2-23 所示,有两种方法,即角度定向和坐标定向。

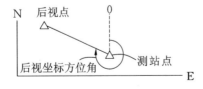

图 2-23 后视定向

角度定向步骤:

① 在坐标测量屏幕下选取"测站定向"后选取"后视定向";

图 2-24 角度定向

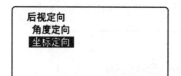

图 2-25 坐标定向

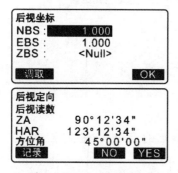

图 2-26 完成后视定向

② 选取"角度定向",如图 2-24 所示;

③ 输入后视方位角值;

④ 按【OK】键设置完成后视方位角设置。按【记录】键可将后视方位角数据存储至当前文件中。

坐标定向步骤:

① 选取"测站定向"后选取"后视定向";

② 选择"坐标定向",如图 2-25 所示,

输入后视点坐标按【OK】键,由测站点和后视点坐标反算的方位角值显示在屏幕上(按【调取】键可以从内存中读取所需要的已知坐标数据);

③按【YES】键完成后视坐标方位角的设置,按【记录】键可将后视方位角数据存储至当前文件中,如图 2-26 所示。

(3) 步骤三:三维坐标测量

在测站及其后视方位角设置完成后便可测定目标点的三维坐标。

目标点三维坐标测量(图 2-27)计算公式如下:

$$N_1 = N_0 + S\sin Z\cos A_z$$
$$E_1 = E_0 + S\sin Z\sin A_z$$
$$Z_1 = Z_0 + S\cos Z + h_i - h_f$$

N_0:测站点 N 坐标 S:斜距 h_i:仪器高

E_0:测站点 E 坐标 Z:天顶距 h_f:目标高

Z_0:测站点 Z 坐标 A_z:坐标方位角

当仪器位于盘左位置、按【置零】或【设角】键将水平角置零或置成所需角度时,天顶距由 $360° - Z$ 计算得到。

① 照准目标点上的棱镜;

② 在坐标测量屏幕下选取"测量"开始坐标测量,屏幕上显示出所测目标点坐标值,按【停】键停止坐标测量,按【仪器高】键可重新输入测站数据,当待观测目标点的高度不同时,开始测量前先将目标高输入;

视频

全站仪坐标测量

③ 照准下一目标点后按【观测】键开始测量,用同样方法观测所有目标点,如图 2-28 所示;

④ 按【ESC】键返回坐标测量屏幕。

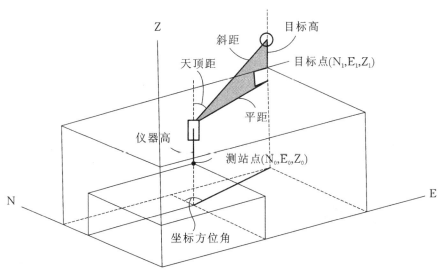

图 2-27 三维坐标测量

2. 后方交会测量

后方交会测量用于通过对若干已知点的观测来确定出测站点的三维坐标,所用已知点的坐标可以从内存中调用,若有需要还可以对各点观测结果的残差进行检查。

输入值　　　　　　　　　　输出值

已知点坐标值:(X_i, Y_i, Z_i)　测站点坐标:(X_0, Y_0, Z_0)

水平角观测值:H_i

垂直角观测值:V_i

距离观测值:D_i

通过对已知点(图 2-29 中的 P_1、P_2、P_3、P_4)的观测可以求取测站点(如 P_0)的三维坐标。坐标后方交会测量将覆盖测站点的 N、E 和 Z 数据。

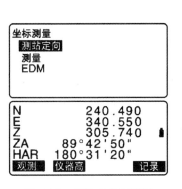

图 2-28 目标点坐标测量

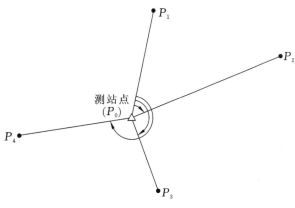

图 2-29 目标点坐标测量

后方交会测量确定测站点的三维坐标需要对 2～10 个已知点进行距离和角度观测，或者对 3～10 个已知点进行角度观测。

图 2-30　已知点距离和角度测量

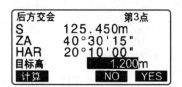

图 2-31　计算

图 2-32　测站点坐标及标准差

步骤：

① 将【后交】功能定义至测量模式的软键上；

② 按【后交】键开始后方交会测量；

③ 选取"交会坐标"并输入已知点数据；

④ 在输入第 1 已知点的坐标数据后按【往下】键接着输入第 2 已知点的坐标数据，已知点坐标输入完毕后按【测量】键开始测量，照准第 1 已知点后按【测距】键开始测量，屏幕上显示出测量结果，按【YES】键确认并采用第 1 已知点的观测值，此时也可以进行目标高的输入（图 2-30）；

⑤ 重复步骤 4 观测余下的各已知点，当观测量足以计算测站点坐标时屏幕上将显示出【计算】（见图 2-31）；

⑥ 观测完已知点后，按【计算】或【YES】键进行测站点坐标的计算，计算完成后将显示测站点的坐标及其标准差（图 2-32）；

⑦ 按【结果】键对计算结果进行检查，如果没有问题就按【ESC】返回；

⑧ 如果某个点的测量结果有问题，将光标移至该点号上后按【作废】键将其作废，被作废点号的左上角注上"＊"标志，用同样的方法可以将所有存在问题的点作废；

⑨ 按【重算】键重新计算并显示计算结果，计算时将不采用步骤⑧中所作废的测量结果。

后方交会测量注意事项：

当测站点与所观测的三个或三个以上已知点位于同一圆周上时，测站点的坐标是无法确定的（图 2-33）。图 2-33（a）所示情形是可取的；图 2-33（b）所示情形无法计算出正确的结果。

图 2-33　测站点情形

当已知点位于同一圆周上时,可采取以下措施之一进行观测(图 2-34):

① 将测站点尽可能设立在由已知点构成的三角形的重心上;

② 增加一个不位于圆周上的已知点;

③ 至少对其中一个已知点进行距离测量。

图 2-34　三种措施

当已知点间的夹角太小时,测站点的坐标就无法计算。测站距离已知点越远,则已知点间的夹角就越小,也就越容易在同一圆周上。

【知识加油站】全站仪

1. 全站仪介绍

全站仪的结构和部件名称如图 2-35 所示。

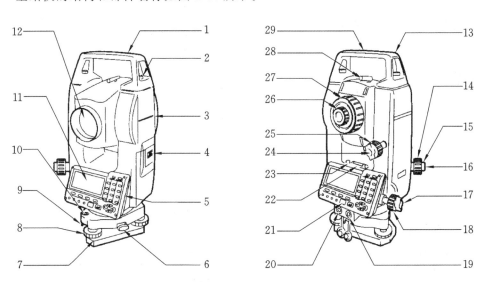

图 2-35　全站仪部件

1—提柄;2—提柄固紧螺丝;3—仪器高标志;4—电池盒盖;5—操作面板;6—三角基座制动控制杆;7—底板;8—脚螺旋;
9—圆水准器校正螺丝;10—圆水准器;11—显示窗;12—物镜;13—管式罗盘插口;14—光学对中器调焦环;
15—光学对中器分划板护盖;16—光学对中器目镜;17—水平制动钮;18—水平微动手轮;19—数据通信插口;
20—外接电源插口;21—遥控键盘感应器;22—管水准器;23—管水准器校正螺丝;24—垂直制动钮;
25—垂直微动手轮;26—望远镜目镜;27—望远镜调焦环;28—粗照准器;29—仪器中心标志

全站仪大体可以分为三种模式：测量模式、存储模式、内存模式，如图 2-36 所示。

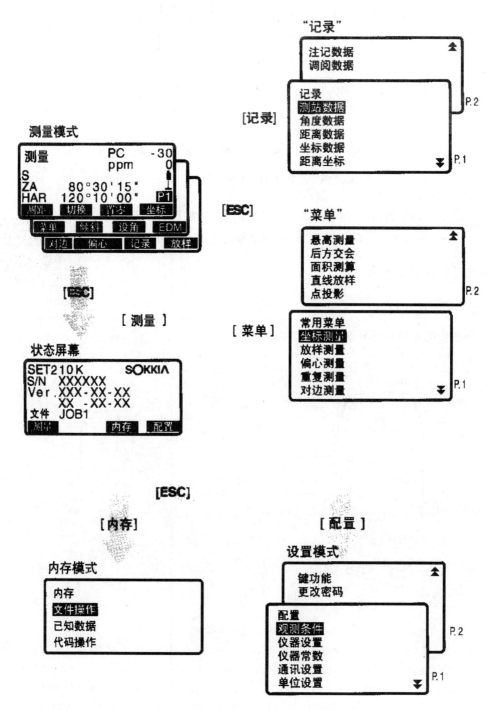

图 2-36 全站仪模式

下面以索佳 SET510K 系列全站仪为例,介绍全站仪的功能和使用方法。

操作面板介绍如图 2-37 所示。

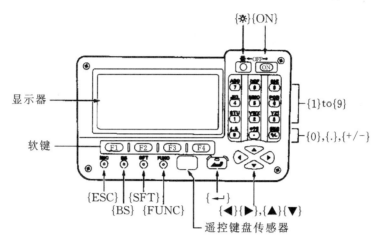

图 2-37　全站仪操作面板

(1) 开机和关机

{ON}:打开仪器电源。

{ON}+{☀}:关闭仪器电源(表示按住{ON}键后按{☀}键,下同)。

(2) 显示窗和键盘照明

{☀}:打开或关闭显示窗和键盘背光。

(3) 软键操作

软键功能显示于屏幕底行。

{F1}~{F4}:按{F1}~{F4}选取软键对应的功能。

{FUNC}:测量菜单翻页。

(4) 字母数字输入

{SFT}:在输入字母或数字间进行切换。

{0}~{9}:在输入数字时,输入按键对应的数字;在输入字母时,输入按键上方对应的字母。

{.}:输入数字中的小数点。

{±}:输入数字中的正负号。

{◀}/{▶}:左移、右移光标或选取其他选项。

{ESC}:取消输入或者退出回到上一级菜单。

{BS}:删除光标左侧的一个字符。

{↵}:选取选项或确认输入的数据。

图 2-38　输入文件名

实例如图 2-38 所示。

在文件名处输入"JOB M";

按{SFT}进入字母输入模式,此时屏幕右侧显示"A"。

按 1 次{4}键入"J"。

按 3 次{5}键入"O"。

按 2 次{7}键入"B"。

按 1 次{▶}键入空格。

按 1 次{5}键入"M"后按{◢}确认输入。

(5) 模式转换

[CNFG]:从状态模式进入配置模式。

[测量]:从状态模式进入测量模式。

[内存]:从状态模式进入内存模式。

{ESC}:从各个模式返回状态模式。

在屏幕显示中可以阅读到输入或者测量得到的信息。

实例(图 2-39):状态模式屏幕显示仪器名称和作业名等信息;测量模式屏幕显示水平角、垂直角、距离、仪器常数等信息。

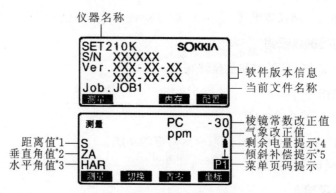

图 2-39　全站仪显示模式

2. 全站仪工作参数设置

在测量模式下按[EDM]进入设置菜单,屏幕显示如图 2-40 所示。

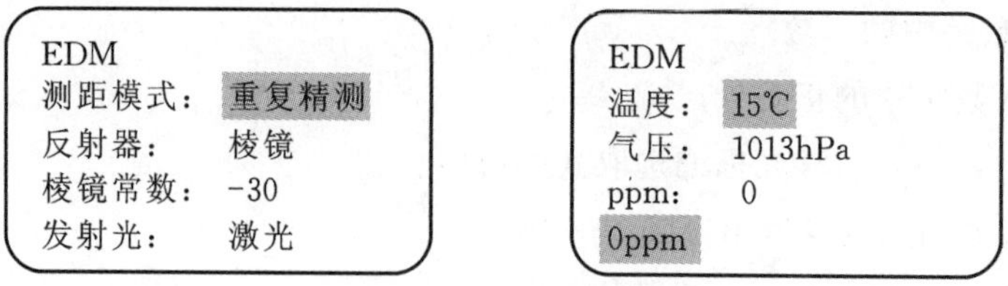

EDM		EDM	
测距模式:	重复精测	温度:	15℃
反射器:	棱镜	气压:	1013hPa
棱镜常数:	-30	ppm:	0
发射光:	激光	0ppm	

图 2-40　EDM 菜单

各设置项、选择项和输入范围见表 2-16(注有"＊"号的为出厂设置)。

表 2-16　设置项内容

测距模式	重复精测＊,均值精测(1~9 次),单次精测,单次粗测,跟踪测
反射器	棱镜＊,反射片,无棱镜
棱镜常数	−99~99 mm(棱镜设为"−30",反射片设为"0")
发射光	激光(指示光)＊/红绿光(引导光)
温度	−30~60℃ (15＊)
气压	500 ~1400 hPa(1013＊),375~1050 mmHg(760＊)
ppm	−499~499 (0＊)

气象改正值 ppm 设置:仪器通过发射光束进行距离测量,光束在大气中的传播速度会因大气折射率不同而变化,而大气折射率与大气的温度和气压有着密切的关系。为了精确计算出气象改正数,需要求取光束传播路径上的气温和气压平均值。在山区测量作业时尤其要注意,不同高程的点上其气象条件会有差异。

仪器一般是按照温度为 15℃、气压为 1013 hPa 时气象改正数为"0"设计的。气象改正数[ppm]置为"0"时,温度和气压值置为默认值。气象改正值既可直接输入,也可通过输入温度和气压值计算出相应的气象改正值并存储在内存中,计算公式如下:

$$ppm=282.59-\frac{0.2942\times 气压值(hPa)}{1+0.003661\times 温度值(℃)}$$

棱镜常数改正:不同棱镜具有不同的棱镜常数改正值,测量前应将所用棱镜的常数改正值设置好。当反射器类型设置为"反射片"或"无棱镜"时,棱镜常数改正值自动设置为"0"。当反射器类型设置为"棱镜"时,务必首先确定其棱镜常数改正值,通常棱镜常数已在生产厂家所附的说明书上或棱镜上标出,供测距时使用。

棱镜常数一般分为两种:通常所用的国产棱镜为−30 mm,而进口棱镜为 0 mm。

子任务2　全站仪碎部点数据采集

地球表面上复杂多样的物体和千姿百态的地表形状,在测量工作中可概括为地物和地貌。地物是指地球表面上固定性的物体,如河流、湖泊、道路、房屋和植被等;地貌是指高低起伏、倾斜缓急的地表形态,如山地、谷地、凹地、陡壁和悬崖等。

碎部测量就是以控制点为基础,测定地物、地貌的平面位置和高程,并将其绘制成地形图的测量工作。在碎部测量中,地物的测绘实际上就是地物平面形状的测绘,地物平面形状,可用其轮廓点(交点和拐点)和中心点来表示,这些点被称为地物的特征点(又称碎部点)。由此,地物的测绘可归结为地物碎部点的测绘。地貌尽管形态复杂,但可将其归结为许多不同方向、不同坡度的平面交合而成的几何体,其平面交线就是方向变化线和坡度变化线,只要确定这些方向变化线和坡度变化线上的方向和坡度变换点(称之为地貌特征点或地性点)的平面位置和高程,地貌的基本形态也就反映出来了。因此,无论地物还是地貌,其形态都是由一些特征点,即碎部点的点位所决定。碎部测量的实质就是测绘地物和地貌碎部点的平面位置和高程。下面分别介绍碎部点的选择及测量方法。

1. 碎部点的选择

(1) 地物点的选择及地物轮廓线的形成

地物测绘的质量和速度在很大程度上取决于立尺员能否正确合理地选择地物特征点。地物特征点主要是其轮廓线的转折点,如房角点、道路边线的转折点以及河岸线的转折点等。主要的特征点应独立测定,一些次要的特征点可以用量距、交会、推平行线等几何作图方法绘出。

一般规定,凡主要建筑物轮廓线的凹凸长度在图上大于 0.4 mm 时,都要表示出来。例如对于 1∶1000 比例尺测图,主要地物轮廓凹凸大于 0.4 m 时应在图上表示出来。

以下按 1∶500 和 1∶1000 比例尺测图的要求提出一些取点原则:

① 对于房屋,可只测定其主要房角点(至少三个),然后量取其有关的数据,按其几何关系用作图方法画出其轮廓线。

② 对于圆形建筑物,可测定其中心位置并量其半径后作图绘出,或在其外廓测定三点,然后用作图法定出圆心而作圆。

③ 对于公路,应实测两侧边线,而大路或小路可只测其一侧的边线,另一侧边线可按量得的路宽绘出;对于道路转折处的圆曲线边线,应至少测定三点(起点、终点和中点)。

④ 围墙应实测其特征点,按半比例符号绘出其外围的实际位置。

(2) 地貌特征点的选择

地貌特征点就是地面坡度及方向变化点。地貌碎部点应选在最能反映地貌特征的山顶、鞍部、山脊(线)、山谷(线)、山坡、山脚等坡度变化及方向变化处。根据这些特征点的高程勾绘等高线,即可将地貌在图上表示出来,为了能真实地表示实地情况,在地面平坦或坡度无显著变化地区,碎部点(地形点)的间距和测碎部点的最大视距应符合国家有关规范要求。

2. 碎部点测量

全站仪测量方法是在主要控制点上架设全站仪,全站仪经定向后,观测碎部点上放置的棱镜,得到方向、竖直角(或天顶距)和距离等观测值,记录在电子手簿或全站仪内存,或者是由记录器程序计算碎部点的坐标和高程,记入电子手簿或全站仪内存。

野外数据采集除碎部点的坐标数据外还需要有与绘图有关的其他信息,如碎部点的地形要素名称、碎部点连接线型等,可以由计算机生成图形文件,进行图形处理。为了便于计算机识别,碎部点的地形要素名称、碎部点连接线型信息也都用数字代码或英文字母代码来表示,这些代码称为图形信息码。根据输入图形信息码的方式不同,野外数据采集的工作程序分为两种:一种是在观测碎部点时,绘制工作草图,在工作草图上记录地形要素名称、碎部点连接关系,然后在室内将碎部点显示在计算机屏幕上,根据工作草图,采用人机交互方式连接碎部点,输入图形信息码和生成图形;另一种是采用笔记本电脑和 PDA 掌上电脑作为野外数据采集记录器,可以在观测碎部点之后,对照实际地形输入图形信息码和生成图形。

(1)测记法野外数据采集

测记法就是利用全站仪或 RTK 在野外测定地形点的点位,用仪器内存记录其定位信息(x,y,h),用草图、简码记录其绘图信息,然后将测量数据传输到计算机,经过人机交互进行数据、图像处理,最后编辑成图。测记法作业时采用无码作业或简码作业。

① 无码作业

无码作业又称"草图法",如图 2-41 所示,是利用全站仪或 RTK 测定碎部点的点位信息,并自动记录在仪器内存中,用手工记录,绘制碎部点的属性信息及连接信息。无码作业法适合任意地形条件下的外业作业。草图的绘制要遵循清晰、易读、符号应与图示相符、比例尽可能协调的原则。测量时,对于较复杂地物主要利用全站仪内存记录数据并与草图点号相对应,观测不到的点可结合皮尺丈量的方法,并在草图上标注丈量数据。在进行地貌测点时,可采用一站多镜的方法进行。一般在地性线上、特征部位要有足够密度的点,如山脊线、山谷线、鞍部特征点等。对于冲沟,要在沟底有足够密度的点,沟上两侧要测足够的点,这样生成的等高线才真实。

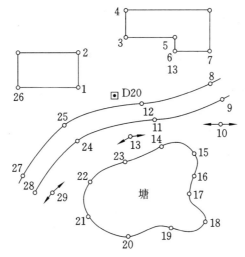

图 2-41 外业作业草图

② 简码作业

此种工作方式也称"带简编码格式的坐标数据文件自动绘图方式",与"草图法"在野外测量时不同的是,每测一个地物点时都要在电子手簿或全站仪上输入地物的简编码,简编码一般由一个字母和一或两位数字组成。

操作码的具体构成规则如下:

a. 对于地物的第一点,操作码=地物代码。如图 2-42 中的 1、5 两点(点号表示测点顺序,括号中为该测点的编码,下同)。

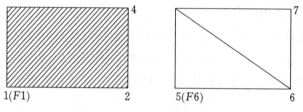

图 2-42　地物起点的操作码

b. 连续观测某一地物时,操作码为"+"或"-"。其中"+"号表示连线依测点顺序进行;"-"号表示连线依测点顺序相反的方向进行,如图 2-43 所示。在 CASS 中,连线顺序将决定类似于坎类的齿牙线的画向,齿牙线及其他类似标记总是画向连线方向的左边,因而改变连线方向就可改变其画向。

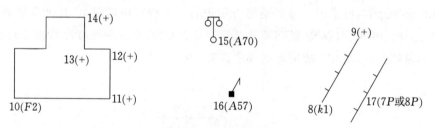

图 2-43　连续观测点的操作码

c. 交叉观测不同地物时,操作码为"$n+$"或"$n-$"。其中"+""-"号的意义同上,n 表示该点应与以上 n 个点前面的点相连(n＝当前点号－连接点号－1,即跳点数),还可用"$+A\$$"或"$-A\$$"标识断点,$A\$$ 是任意助记字符,当一对 $A\$$ 断点出现后,可重复使用 $A\$$ 字符。如图 2-44 所示。

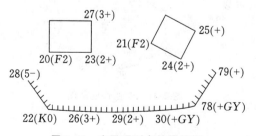

图 2-44　交叉观测点的操作码

d.观测平行体时,操作码为"P"或"nP"。其中,"P"的含义为通过该点所画的符号应与上点所在地物的符号平行且同类,"nP"的含义为通过该点所画符号应与以上跳过 n 个点后的点所在的符号画平行体,对于带齿牙线的坎类符号,将会自动识别是堤还是沟。若上点或跳过 n 个点后的点所在的符号不为坎类或线类,系统将会自动搜索已测过的坎类或线类符号的点。因而,用于绘平行体的点,可在平行体的一"边"未测完时测对面点,亦可在测完后接着测对面的点,还可在加测其他地物点之后,测平行体的对面点。如图 2-45 所示。

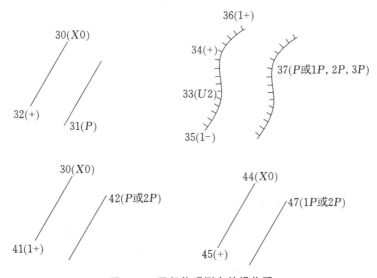

图 2-45　平行体观测点的操作码

(2) CASS 电子平板法野外数据采集

所谓电子平板法就是将装有测图软件的便携机或掌上电脑用专用电缆在野外与全站仪相连,现场边测边绘的作业方法。CASS"电子平板"作业方式的重要功能是它能够连接各种全站仪,实现野外数据采集的自动输入和记录,并且可以在野外将地形图绘制出来,实现所见即所测。

① 测图前的准备工作

在进行碎部测量时要求绘图员清楚地物点之间的连线关系,所以对于复杂地形要求测站到碎部点之间的距离要短,要勤于搬站,否则会导致绘图员绘图困难。对于房屋密集的地方可以用皮尺丈量法丈量,交互编辑方法成图。野外作业时,测站的绘图员与碎部点的跑尺员相互之间的通信非常重要,因此对讲机必不可少。准备工作如下:

a. 人员组织及设备配置

每小组编配 3~5 人。每小组配备设备:全站仪一台,安装 CASS 软件便携机一台、脚架、棱镜、对中杆、对讲机等。

b. 将控制成果录入便携机中

控制成果格式如下：

    1点点名，1点编码，1点 Y（东）坐标，1点 X（北）坐标，1点高程

    ………

    N 点点名，N 点编码，N 点 Y（东）坐标，N 点 X（北）坐标，N 点高程

② 电子平板碎部点采集及成图方法

在测图过程中，主要是利用系统右侧屏幕菜单功能，用鼠标选取屏幕菜单相应图层中的图标符号，根据命令区的提示进行相应的操作即可将地物点的坐标测出来，并在屏幕编辑区展绘出地物符号，也可以同时使用系统的其他编辑功能，绘制图形、注记文字。

（3）全站仪数据管理

文件管理指对全站仪内存中的文件按时或定期进行整理，包括命名、更名、删除及文件保存与使用。管理好文件能够保障外业工作的顺利进行，避免由于文件的丢失和损坏给测量工作带来损失。

① 全站仪数据文件管理

野外工作中，要做到"当天文件当天管，当天数据当天清"。记录保存的观测数据只能存于当前选取的文件中。具体操作如下：

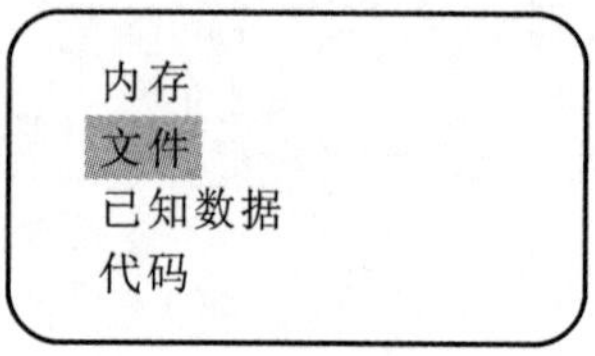

图 2-46　选取文件

a. 在内存模式下选取"文件"，如图 2-46 所示；

b. 用光标选择所需文件，对于选定的文件即可进行更名操作。

② 全站仪数据采集操作步骤

a. 已知控制点的录入

全站仪在测图前最好在室内就将控制点成果录入全站仪内存中，从而提高工作效率。对当前文件可以进行已知坐标的输入操作。预先输入仪器的已知坐标数据在测量作业时可以作为测站点、后视点调用。

具体操作：在内存模式下选取"已知数据"，如图 2-47 所示；选择"键盘输入"，输入坐标、点号等确认，如图 2-48 所示。

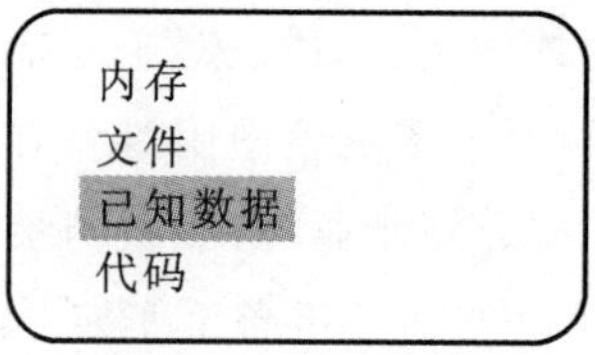

图 2-47　已知数据

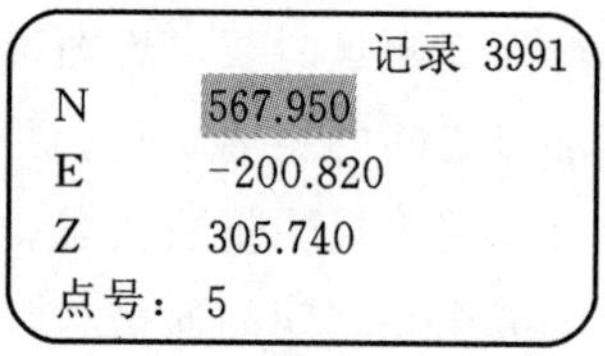

图 2-48　输入坐标

b.野外实测数据采集

◎ 安置仪器

在测站上进行对中、整平后,量取仪器高,仪器高量至毫米。打开电源开关键,转动望远镜,使全站仪进入观测状态。调取"坐标测量"菜单。

◎ 输入测站数据

测站数据的设定有两种方法:一是调用内存中的坐标数据(作业前调入或调用测量数据);二是直接出键盘输入坐标数据。

◎ 输入后视点坐标

后视定向数据一般有三种方法:一是调用内存中的坐标数据;二是直接输入控制点坐标;三是直接键入定向边的方位角。

◎ 定向

当测站点和后视点设置完毕后,再照准后视点,这时定向方位角设置完毕。

全站仪碎部点采集

◎ 碎部点测量

测站设置完毕后即可开始碎部点采集。照准目标"测量",点击"记录"键,数据即被存储(可更改储点点号)。进入下一点时,点号自动增加。

【知识加油站】碎部点坐标测算方法

理论上,数字测图要求每一个碎部点的坐标及高程均为实测数据,但实际工作中如此要求是不切合实际的,不仅工作量大,而且有些点位是不能达到的,因此必须灵活运用各种测绘方法,包括极坐标法、偏心测量法、距离交会法、直角坐标法、直线及方向交会法、对称法等。下面介绍几种常用的碎部点坐标测算方法。

1. 极坐标法

极坐标法是测量碎部点最常用的方法。如图 2-49 所示,O 为测站点,B 为定向点,P 为待求点。在 O 点安置好仪器,量取仪器高 i,照准 B 点,读取 OB 方向的方位角值 α_{OB}。然后照准待求点 P,镜高为 v_P,方位角读数为

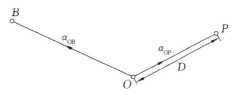

图 2-49 极坐标法

α_{OP},再测出 O 至 P 点间的斜距 S 和天顶距 Z(全站仪多数将竖盘读数设置成天顶距),水平距离 $D = S\cos Z$,则待定点坐标和高程可由下式求得,即

$$\left.\begin{array}{l} X_P = X_O + D\cos\alpha_{OP} \\ Y_P = Y_O + D\sin\alpha_{OP} \\ H_P = H_O + \dfrac{D}{\tan Z} + i - v_P \end{array}\right\}$$

(2-33)

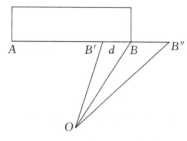

图 2-50　直线延长偏心法

2. 直线延长偏心法

当目标点与测站点不通视或无法立镜时,可采用偏心观测法(包括直线延长偏心法、距离偏心法、角度偏心法等)间接测定碎部点的点位。但应注意偏心法对高程测量无效。如图 2-50 所示,O 为测站点,欲求 B 点,但测站 O 到待测点 B 不通视。此时可在地物边线方向找 B'(或 B'')点作为辅助点,先用极坐标法测定其坐标,再用钢卷尺量取 $BB'(BB'')$ 的距离 d,B 点坐标即可用下式求得,即

$$\left.\begin{array}{l} X_B = X_{B'} + d\cos\alpha'_{AB} \\ Y_B = Y_{B'} + d\sin\alpha'_{AB} \end{array}\right\} \tag{2-34}$$

3. 距离偏心法

如图 2-51 所示,欲测定 B 点,但 B 点(比如 B 电线杆中心)不能立标尺或反光镜,可先用极坐标法测定偏心点 B_1(水平角读数为 L_i,水平距离为 D_{OB_1}),再丈量偏心点 B_1 到目标点 B 的水平距离 d,即可求出目标点 B 的坐标。

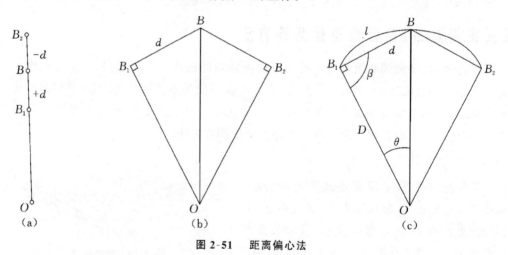

图 2-51　距离偏心法

① 当偏心点位于目标前方或后方(B_1 或 B_2)时,如图 2-51(a)所示,即偏心点在测站和目标点的连线上,B 点的坐标可由下式求得,即

$$\left.\begin{array}{l} X_B = X_O + (D_{OB_1} \pm d)\cos\alpha_{OB_1} \\ Y_B = Y_O + (D_{OB_1} \pm d)\sin\alpha_{OB_1} \end{array}\right\} \tag{2-35}$$

式中,α_{OB_1} 为 OB 方向的坐标方位角,当所测点位于 OB 连线上时,d 取"+";当位于 OB 延长线上时,d 取"−"。

② 当偏心点位于目标点 B 的左或右边(B_1 或 B_2)时,偏心点至目标点的方向和偏心

点至测站点 O 的方向应成直角,如图 2-51(b)所示,B 点的坐标可由下式求得

$$\left.\begin{array}{l} X_B = X_{B_1} + d\cos\alpha_{B_1B} \\ Y_B = Y_{B_1} + d\sin\alpha_{B_1B} \end{array}\right\} \tag{2-36}$$

式中,$\alpha_{B_1B} = \alpha_{OB_1} \pm 90°$,当偏心点位于左侧时,取"+",位于右侧时取"−"。

③ 当偏心点位于目标点 B 的左或右边(B_1, B_2)时,选择偏心点至测站点的距离与目标点 B 至测站点的距离相等处(等腰偏心测量法),可先测得 B_1 的坐标和 B_1B 之间的距离,如图 2-51(c)所示,B 点的坐标可按下式求得,即

$$\left.\begin{array}{l} X_B = X_{B_1} + d\cos\alpha_{B_1B} \\ Y_B = Y_{B_1} + d\sin\alpha_{B_1B} \end{array}\right\} \tag{2-37}$$

式中,$\alpha_{B_1B} = \alpha_{B_1O} \pm \beta$,当 B_1 位于 OB 的左侧时,取"−"号,位于右侧时取"+"号。

一般情况下,偏心距 d 较小,此时弧长 $l \approx d$,β 可由下式求得,即

$$\theta = \frac{d \times 180°}{\pi D}$$
$$\beta = 90° - \frac{\theta}{2} \tag{2-38}$$

4. 距离交会法

如图 2-52 所示,已知碎部点 A、B,欲测碎部点 P,则可分别量取 P 至 A、B 两点的距离 D_1、D_2,即可求得 P 点的坐标。根据已知边 D_{AB} 和 D_1、D_2 用下式计算 α 和 β。

$$\alpha = \arccos\frac{D_{AB}^2 + D_1^2 - D_2^2}{2D_{AB} \times D_1} \tag{2-39}$$
$$\beta = \arccos\frac{D_{AB}^2 + D_2^2 - D_1^2}{2D_{AB} \times D_2}$$

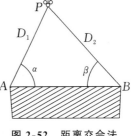

图 2-52　距离交会法

再利用以下公式即可求得 X_P、Y_P。

$$X_P = \frac{X_A \times \cot\beta + X_B \times \cot\alpha - Y_A + Y_B}{\cot\alpha + \cot\beta}$$
$$Y_P = \frac{Y_A \times \cot\beta + Y_B \times \cot\alpha + X_A - X_B}{\cot\alpha + \cot\beta} \tag{2-40}$$

【任务小结】

在数字测图外业数据采集过程中能明确碎部点的选择,掌握利用全站仪采集碎部点的过程。

任务2.3　GNSS RTK 数据采集

【任务描述】

　　地形测图是为城市以及各种工程提供不同比例尺的地形图,以满足城镇规划和各种经济建设的需要。地籍测量是精确测定土地权属界址点的位置,同时测绘供土地管理部门使用的大比例尺的地籍平面图,并量算土地面积。依据一定数量的基准控制点,利用RTK 技术可以高精度并快速地测定界址点、地形点、地物点的坐标,利用测图软件测绘成电子地图,然后通过计算机和绘图仪、打印机输出各种比例尺的图件。

　　GNSS 测量工作的模式有多种,如静态、快速静态、准动态和动态相对定位等。这几种定位模式的一般定位结果要经测后处理而获得。对定位结果进行质量检核比较困难,如果结果出现不合格,就需要返工重测,降低 GNSS 测量的工作效率。实时载波相位差分(real time kinematic,RTK)技术可以实时向用户提供定位结果和定位精度,这样可以大大提高作业效率。

【任务实施】

　　本任务主要以国产某品牌 GNSS RTK 接收机为例,介绍 RTK 在野外数据采集的具体操作步骤。

子任务1　仪器设备的准备

　　1. RTK 测量接收设备

　　安置基准站应遵循的原则如下:

　　① 基准站要尽量选在地势高、视野开阔地带;

　　② 要远离高压输电线路、微波塔及其他微波辐射源,其距离不小于 200 m。

　　接收设备应包括双频接收机、天线和天线电缆、数据链套件(调制解调器、电台或移动通信设备)、数据采集器等。基准站接收设备应具有发送标准差分数据的功能;流动站接收设备应具有接收并处理标准差分数据功能;接收设备应操作方便、性能稳定、故障率低、可靠性高。接收机标称精度公式为

$$\delta = a + bd \tag{2-41}$$

式中:a 为固定误差,单位为 mm;b 为比例误差系数,单位为 ppm;d 为流动站至基准站的距离,单位为 km。

　　RTK 测量宜选用优于下列测量精度(RMS)指标的双频接收机:

① 平面精度:10 mm+2×10^{-6}d;

② 高程精度:20 mm+2×10^{-6}d。

例如,华测 X90 测地型 GNSS 接收机实时动态 RTK 精度中平面精度为 10 mm+1×10^{-6}d,高程精度为 20 mm+1×10^{-6}d。

2. 接收设备的检验

接收机的一般检验有以下几个方面:

① 接收机及天线型号应与标称一致,外观应良好;

② 各种部件及其附件应匹配、齐全和完好,紧固的部件应不得松动和脱落;

③ 设备使用手册和后处理软件操作手册及磁(光)盘应齐全;

④ 接收机的检定按《全球定位系统(GPS)测量型接收机检定规程》(CH 8016—1995)执行,并应在有效的使用周期内。

RTK 测量前宜对设备进行基准站与流动站的数据链连通检验、数据采集器与接收机的通信联通检验。

3. 接收设备的维护

测站校正的目的是将 GNSS 所获得的 WGS-84 坐标转换至工程所需要的当地坐标。

接收设备应由专人保管,运输期间应由专人押送,并应采取防震、防潮、防晒、防尘、防蚀和防辐射等防护措施;接收设备的接头和连接器应保持清洁,电缆线不应扭折,不应在地面拖拉、碾砸;连接电源前,电池正负极连接应正确,观测前电压应正常;当接收设备置于楼顶、高标或其他设施顶端作业时,应采取加固措施;在大风和雷雨天气作业时,应采取防风和防雷措施;作业结束后,应及时对接收设备进行擦拭,并放入有软垫的仪器箱内;仪器箱应置放于通风、干燥阴凉处,保持箱内干燥;接收设备在室内存放时,电池应在充满状态下存放,应每隔 1~2 个月充放电一次;仪器发生故障,应转交专业人员维修。

子任务2 RTK 碎部点数据采集

1. 求解坐标转换参数

一般采用四参数或七参数方法转换。求转换参数所利用的控制点数量应该足够,一般来讲,平面控制点至少三个,高程控制点一般四个以上。控制点应以能覆盖整个测区为原则,最好均匀分布。另外,转换参数的精度不仅与所选点的位置与数量有关,还与所选点的坐标精度密切相关,因此在选择控制点时应该对测区内的已知点进行筛选。

四参数的四个基本项分别是:北平移、东平移、旋转角和比例尺。根据三个控制点,首先在两个控制点上测量,然后利用这两个点解算出坐标转换的四参数,并在第三个控制点上进行仪器检查测量。

① 在固定解的状态下,移动站到控制点 1 上,测量 1 号点的坐标;然后再用移动站去测量 2 号点的坐标。

② 在求坐标转换参数界面单击【增加】,直接输入控制点 1 的已知平面坐标,输入完毕之后,单击右上角的【OK】或【确定】。如图 2-53 所示。

图 2-53 输入控制点坐标

③ 根据提示输入控制点的大地坐标(即控制点的原始坐标),单击【从坐标管理库选点】,调出库中记录的原始坐标(即上述步骤②中采集的坐标),选择 1 号点的测量坐标,单击【确定】。如图 2-54 所示。

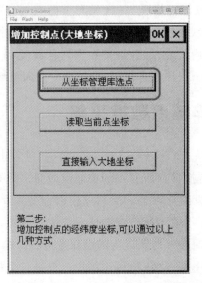

图 2-54 增加控制点原始坐标

④ 回到求转换参数的初始界面,再次点击【增加】,重复以上过程,完成 2 号点的匹配。两个点的坐标都匹配好以后,就会回到求转换参数的初始界面,然后点击【保存】——

【应用】,就完成了求参数的过程。如图 2-55 所示。

图 2-55　求坐标转换参数界面

⑤ 参数求好后,利用第三个控制点进行检查,看点位精度如何,如果没有问题(误差小于 5 cm)即可进入【点测量】模式进行地形数据采集。

RTK **求转换参数**

2. RTK 碎部点测量

(1) 点测量

求取参数后流动站要到其他控制点上去检核,满足相关精度要求后,方可开始作业。以"工程之星 5.0"为例,选择"测量→点测量"进入点测量界面,当解状态为固定解时,保存当前测量点坐标,如图 2-56 所示,可以输入点名,继续存点时,点名将自动累加,点击"确定"。

作业时,测量员手持 GNSS 流动站接收机到每个特征点采集数据,一般取几秒作为一个记录单元。采集点位坐标时,测量人员立点要准确,尽量稳住对中杆。可以结合草图法进行碎部点采集,也可以使用编码法记录点位属性信息,以便内业绘图时作为参考。采集数据时,可以根据现场地形的实际情况进行设定。当测量特殊地物点时,可设定按距离进行采集,距离可以人为设定;在均匀运动测量的过程中,可以设定按时间进行采集,时间间隔也可人为设定。观测时间需在点位 PDOP 值小的时间段(小于 6,可以通过卫星预报信息查看),利用良好的时段进行 RTK 测量,不仅速度快,而且精度高。对于观测者来说,应严格规范操作,减少人为因素对测量精度的影响。实践证明,观测者的专业水平和经验对成果的精度影响很大。例如,对中误差、测量天线高或输入基准站坐标的任何误差,都将影响整个测量成果。

图 2-56 RTK 点测量

（2）惯导倾斜测量

随着惯导技术的发展，很多 RTK 测量仪器都可以支持倾斜测量，因此当地物、地形特征点受遮挡时，可将对中杆倾斜 0°～60°（为保障精度，通常倾斜角度在 30°内），使用惯导 RTK 的倾斜测量功能进行点位测量。

以某国产品牌 GNSS RTK 接收机为例，使用倾斜测量功能前，需先进行气泡校准。点击"配置"→"工程设置"→"系统设置"→"水准气泡"→"气泡校准"→"开始校准"，校准成功后返回主界面（图 2-57）。气泡校准过程中要保证主机水平居中且处于静止状态，如果出现进度提示 110%，说明校准失败，此时应使用辅助工具对主机进行固定。惯导模块对角度敏感度极高，稍微偏移会导致校准失败，所以在气泡校准时强烈建议使用辅助工具对其进行固定后，方才校准。

‹ 设置				‹ 水准气泡	‹ 气泡校准

天线高　　存储　　跟踪　　系统设置

选择语言	自动 ›
拍照时写入水印	
接收并使用RTCM1021~1027	
长度单位	米(m) ›
面积单位	平方米(m²) ›
角度单位	度分秒(ddd.mmssssss) ›
物理键盘设置	›
水准气泡	›
解状态变化语音提示	

水准气泡

使用倾斜补偿

气泡校准　›

磁场校准　›

正在进行水准气泡校准...22%

水准气泡校准方法:
1.请务必确保仪器正面朝向你自己.
2.请水平放置好仪器,且在校准过程中不要移动仪器.
3.以上准备就绪后按开始校准.
4.校准过程中,可以按取消校准来取消本次校准.

开始校准　　取消校准　　取消

图 2-57　RTK 气泡校准

主机固定解情况下,点击"测量"→"点测量"→点击"气泡形状的图标"→根据提示"左右摇摆主机"→主机提示"倾斜测量可用"或者右上角"RTK 标志由红变绿"(图 2-58),此时惯导使用,可进行倾斜测量作业。

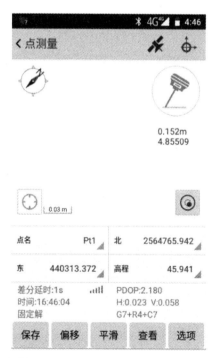

图 2-58　惯导倾斜测量

RTK 惯导倾斜测量

外业测量存储的文件是专用的数据库文件,不可直接用来给成图软件调用,用"测点成果输出"功能可以把原数据文件转换为用户所需要的格式,转换后的格式与所用软件格式相一致,结合外业的草图,可快速地完成数字化内业成图工作。

【知识加油站】GNSS RTK 碎部测量

1. RTK 地形测量主要技术要求

RTK 地形测量主要技术要求详见表 2-17。

表 2-17　RTK 地形测量主要技术要求

等 级	图上点位中误差（mm）	高程中误差	与基准站的距离（km）	观测次数	起算点等级
图根点	≤±0.1	1/10 等高距	≤7	≥2	平面三级以上、高程等外以上
碎部点	≤±0.3	符合相应比例尺成图要求	≤10	≥1	平面图根、高程图根以上

注：①点位中误差指控制点相对于最近基准站的误差；②用网络 RTK 测量可不受流动站到基准站间距离的限制,但宜在网络覆盖的有效服务范围内。

2. GNSS RTK 碎部点测量技术要求

(1) 当 RTK 碎部点测量因测区面积较大而采用分区求解转换参数时,相邻分区应不少于 2 个重合点。

(2) RTK 碎部点测量平面坐标转换残差应小于或等于图上±0.1 mm。RTK 碎部点测量高程拟合残差应小于或等于等高距的 1/10。

(3) RTK 碎部点测量流动站观测时可采用固定高度对中杆进行对中、整平,每次观测历元数应大于 5 个。连续采集一组地形碎部点数据超过 50 个点,应重新进行初始化,并检核一个重合点。当检核点位坐标较差小于或等于图上 0.5 mm 时,方可继续测量。

(4) RTK 地形测量外业采集的数据应及时从数据记录器中导出,并进行数据备份,同时对数据记录器内存进行整理。

3. GNSS RTK 地形测量优点

(1) 作业效率高。在一般的地形地势下,高质量的 RTK 设站一次即可测完 4 km 半径的测区,大大减少了传统测量所需的控制点数量和测量仪器的"搬站"次数,在一般的电磁波环境下几秒钟即得一点坐标,作业速度快,劳动强度低,节省了外业费用,提高了劳动效率。

（2）定位精度高,数据安全可靠,没有误差积累。只要满足 RTK 的基本工作条件,在一定的作业半径范围内(一般为 4 km),RTK 的平面精度和高程精度都能达到厘米级。

（3）降低了作业条件要求。RTK 技术不要求两点间满足光学通视,只要求满足"电磁波通视"。因此,与传统测量相比,RTK 技术受通视条件、能见度、气候、季节等因素的影响和限制较小,在传统测量看来由于地形复杂、地物障碍而造成的难通视地区,只要满足 RTK 的基本工作条件,也能轻松地进行快速的高精度定位作业。

（4）RTK 作业自动化、集成化程度高,测绘功能强大。RTK 可胜任各种测绘内、外业。流动站利用内装式软件控制系统,无须人工干预便可自动实现多种测绘功能,使辅助测量工作极大减少,并降低了人为误差,保证了作业精度。

（5）操作简便,容易使用,数据处理能力强。只要在设站时进行简单的设置,就可以边走边获得测量结果坐标或进行坐标放样。数据输入、存储、处理、转换和输出能力强,能方便快捷地与计算机和其他测量仪器通信。

【任务小结】

在数字测图外业数据采集过程中掌握 GNSS RTK 的使用及其在地形测量中采集碎部点的方法。

项目二练习

项目三
数字测图内业成图

项目概述

数字测图的两大主要任务是外业数据采集以及内业数字成图,数字成图的主要设备为计算机,并且借助专业软件大大提高了成图的效率以及规范性。本项目将根据外业已采集的点位信息,利用地形地籍成图软件完成大比例尺数字地形图的绘制,在成图过程中认识并熟练掌握成图软件主要模块的操作技能及地物、地貌的绘制方法。

本项目主要利用地形地籍成图软件(CASS 10.1、Southmap),依据《国家基本比例尺地图图式 第1部分:1∶500 1∶1000 1∶2000 地形图图式》(GB/T 20257.1—2017),介绍内业数据传输以及内业成图的基本过程和方法。

项目目标

1. 能根据成图需要准确找到命令菜单、工具框、快捷按钮。
2. 能将数据采集设备中的数据熟练导入计算机存储设备并用软件调用。
3. 能根据实际地形选择正确的符号库绘制地物符号。
4. 能根据实际地形生成、编辑等高线。
5. 能根据规范和项目需要准确注记添加图框。

任务 3.1　认识命令菜单与工具框

【任务描述】

本任务主要是熟悉软件的运行环境以及运行中的主要界面,理解主要菜单中的常用命令按钮的作用。

【任务实施】

在计算机上准确打开、关闭软件,主要认识顶部菜单面板以及右侧屏幕菜单,能准确新建图形文件、打开已有图形,熟练操作编辑功能,理解坐标定位、点号定位的作用,调用相关功能。

子任务 1　认识顶部菜单面板

几乎所有的 CASS 命令及 CAD 的编辑命令都包含在顶部的菜单面板中。例如,文件管理、图形编辑、工程应用等命令都在其中。

本任务重点介绍文件、工具、编辑等菜单。

1. 文件

本菜单主要用于控制文件的输入、输出,对整个系统的运行环境进行修改设定。

（1）新建图形文件

功能:建立一个新的绘图文件。

操作过程:左键点取本菜单项,然后看命令区。

提示:输入样板文件名[无(.)]〈acadiso.dwt〉:输入样板名。

认识命令菜单与工具框

其中,acadiso.dwt 即为 CASS 的样板文件,调用后便将 CASS 所需的图块、图层、线型等载入。直接回车便可调用。若需要自定义样板,输入所指样板名后回车即可。输入“.”后回车则不调用任何样板而新建一个空文件。

样板:即模板,它包含了预先准备好的设置,设置中包括绘图的尺寸、单位类型、图层、线型及其他内容。使用样板可避免每次重复基本设置和绘图,快速地得到一个标准的绘图环境,大大节省工作时间。

（2）打开已有图形

功能:打开已有的图形文件。

点击该菜单后会弹出一个对话框,如图 3-1 所示。在文件名一栏中输入要打开的文件名,然后点击“打开”键即可。在文件类型栏中可根据需要选择“dwg”“dxf”“dwt”等文件类型。

（3）图形存盘

功能:将当前图形保存下来。

操作过程:左键点取本菜单,若当前图形已有文件名,则系统直接将其以原名保存下来。若当前图形是一幅新图,尚无文件名,则系统会弹出一个对话框。此时在文件名栏中输入文件名后,按保存键即可。在保存类型栏中有“dwg”“dxf”“dwt”等文件类型,可根据需要选择。

图 3-1　打开已有图形对话框

> **注意**:为避免非法操作或突然断电造成数据丢失,除工作中经常手工存盘外,可设置系统自动存盘。设置过程为:点击"文件/AUTOCAD 系统配置",在"打开和保存"选项卡中设置自动保存时间间隔。

(4) 图形改名存盘

功能:将当前图形改名后保存。

操作过程:左键点取本菜单后,即会弹出图 3-2 的对话框。后面的操作与图形存盘相同。

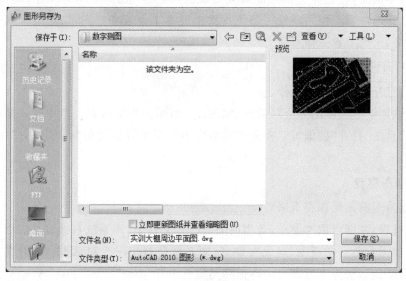

图 3-2　图形存盘对话框

2.工具

工具菜单提供了在编辑图形时所用到的绘图工具。

（1）操作回退

功能：取消任何一条执行过的命令，即可无限回退。可以用它清除上一个操作的后果。

操作过程：左键点取本菜单即可。

相关命令：键入 U 然后回车与点取菜单效果相同。U 命令可重复使用，直到全部操作被逐级取消。还可控制需要回退的命令数，即键入 UNDO 回车，再键入回退命令数，回车即可（如输入 50 回车，则自动取消最近的 50 个命令）。

（2）取消回退

功能：操作回退的逆操作，取消因操作回退而造成的影响。

操作过程：左键点取本菜单即可，或敲入 REDO 后回车。在用过一个或多个操作回退后，可以无限次取消回退直到最后一个回退操作。

（3）物体捕捉模式

绘制图形或编辑对象时，应用捕捉方式，可以快速而精确地定点。AutoCAD 提供了多种定点工具，如栅格（GRID）、正交（ORTHO）、物体捕捉（OSNAP）及自动追踪（Auto-Track）。而在物体捕捉模式中又有圆心点、端点、插入点等。见表 3-1。

表 3-1　物体捕捉模式子菜单及使用方法

模式	功能	快捷命令	操作过程
圆心点	捕捉弧形和圆的中心点	CEN	在图上选择弧或圆，则光标自动定位为圆心
端点	捕捉直线、多义线、踪迹线和弧形的端点	END	设定端点捕捉方式后，在图上选择目标（线段），将光标靠近希望捕捉的一端，则光标自动定位在该线段的端点
插入点	捕捉块、形体和文本的插入点（如高程点）	INS	设定插入点捕捉方式后，在图上选择目标（文字或图块），则光标自动定位到目标的插入点
交点	捕捉两条线段的交叉点	INT	设定交点捕捉方式后，在图上选择目标（将光标移至两线段的交点附近），则光标自动定位到该交叉点
中间点	捕捉直线和弧形的中点	MID	设定中心点捕捉方式后，在图上选择目标（直线或弧），则光标自动定位在该目标的中点

续表3-1

模式	功能	快捷命令	操作过程
最近点	捕捉距光标最近的对象	NEA	设定最近点捕捉方式后,在图上选择目标(用光标靠近希望被选取的点),则光标自动定位在该点
节点	捕捉点实体而非几何形体上的点	NOD	设定节点捕捉方式后,在图上选择目标(将光标移至待选取的点),则光标自动定位在该点
垂直点	捕捉垂足(点对线段)	PER	设定垂直点捕捉方式后,从一点对一条线段引垂线时,将光标靠近此线段,则光标自动定位在线段垂足上
四分圆点	捕捉圆和弧形的上下左右四分点	QUA	设定四分圆点捕捉方式后,在图上选择目标(将光标移近圆或弧),则光标自动定位在目标四分点上
切点	捕捉弧形和圆的切点	TAN	设定切点捕捉方式后,在图上选择目标(将光标移近圆或弧),则光标自动定位在目标的切点

(4) 交会工具

CASS 软件提供了前方交会、后方交会、边长交会、方向交会、支距量算等绘图工具,主要功能见表 3-2。

表 3-2　交会工具

工具	功能	操作界面
前方交会	用两个夹角交会一点	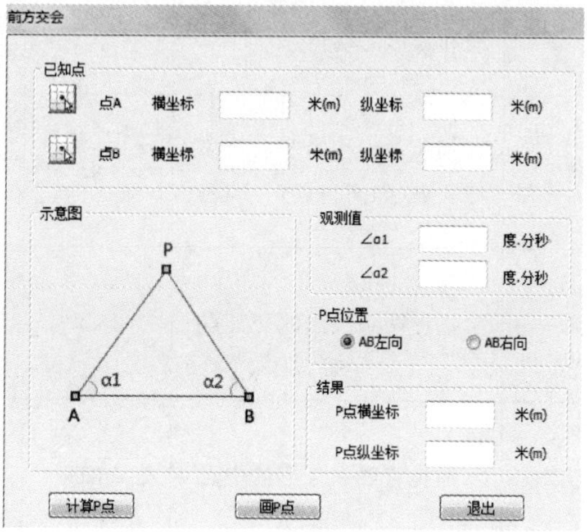

续表3-2

工具	功能	操作界面
后方交会	已知两点和两个夹角,求第三个点坐标	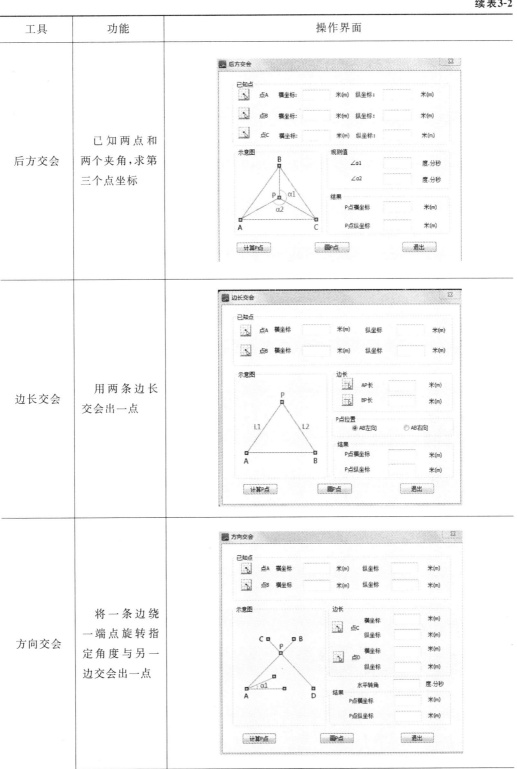
边长交会	用两条边长交会出一点	
方向交会	将一条边绕一端点旋转指定角度与另一边交会出一点	

续表3-2

工具	功能	操作界面
支距量算	已知一点到一条边垂线的长度和垂足到其一端点的距离得出该点	 **支距量算** **已知点** 点A 横坐标 ___ 米(m) 纵坐标 ___ 米(m) 点B 横坐标 ___ 米(m) 纵坐标 ___ 米(m) **示意图** **边长** 垂直点 ⊙到A的距离 ○到B的距离 P(AB左侧) L2 B L1: ___ 米(m) L1 P **P点位置** A ⊙取垂直点 ○AB左向 ○AB右向 P(AB右侧) 到垂直点距离 L2: ___ 米(m) **结果** P点横坐标 ___ 米(m) P点纵坐标 ___ 米(m) [计算P点] [圆点] [退出]

(5) 画线工具

CASS工具菜单中提供了画直线、画弧、画圆、画椭圆、画多边形、画点、画复合线、多功能复合线、画圆环等工具。

下面重点介绍多功能复合线的使用方法：

视频

多功能复合线的
常用绘制方法

操作过程：左键点取本菜单后,看命令区提示。

提示：

输入线宽〈0.0〉输入要画线的宽度,默认的宽度是0.0。

第一点：输入第一点。

曲线Q/边长交会B/〈指定点〉：指定下一点（用鼠标指定或键入坐标）或选择字母Q、B。

曲线Q/边长交会B/隔一点J/微导线A/延伸E/插点I/回退U/换向H〈指定点〉用鼠标定点或选择字母Q、B、J、A、E、I、U、H。

曲线Q/边长交会B/闭合C/隔一闭合G/隔一点J/微导线A/延伸E/插点I/回退U/换向H〈指定点〉用鼠标定点或选择字母Q、B、C、G、J、A、E、I、U、H。

命令行解释：

Q：要求输入下一点,然后系统自动在两点间画一条曲线。

B：用于进行边长交会。

C：复合线将封闭,该功能结束。

G：程序将根据给定的最后两点和第一点计算出一个新点,如图3-3所示。

操作过程：左键点取本菜单后,看命令区提示。

提示：

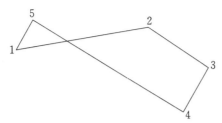

图 3-3　隔点闭合图

输入线宽：〈0.0〉输入所需线宽回车，直接回车默认线宽为 0。

第一点：用鼠标在屏幕上拾取第 1 点。

曲线 Q/边长交会 B/〈指定点〉用鼠标在屏幕上拾取第 2 点。

曲线 Q/边长交会 B/隔一点 J/微导线 A/延伸 E/插点 I/回退 U/换向 H〈指定点〉用鼠标在屏幕上拾取第 3 点。

曲线 Q/边长交会 B/闭合 C/隔一闭合 G/隔一点 J/微导线 A/延伸 E/插点 I/回退 U/换向 H〈指定点〉用鼠标在屏幕上拾取第 4 点。

曲线 Q/边长交会 B/闭合 C/隔一闭合 G/隔一点 J/微导线 A/延伸 E/插点 I/回退 U/换向 H〈指定点〉输入 G 回车。

然后系统会生成第 5 点，并自动从第 4 点经过第 5 点闭合到第 1 点。第 5 点即所谓的"隔点"，它满足这样一个条件：∠345 和∠451 均为直角。这种适合于三点确定一个房屋等的情况。

命令行解释：

J：与选 G 相似，只是由用户输入一点来代替选 G 时的第一点。

A："微导线"功能由用户输入当前点至下一点的左角（度）和距离（米），输入后将计算出该点并连线。要求输入角度时若输入 K，则可直接输入左向转角，若直接用鼠标点击，只可确定垂直和平行方向。此功能特别适合于知道角度和距离但看不到点的情况，如房角点被树或路灯等障碍物遮挡时。

E："延伸"功能是沿直线的方向伸长指定长度。

I："插点"功能是在已绘制的复合线上插入一个复合线点。

U：取消最后画的一条。

H："换向"功能是转向绘制线的另一端。

3. 编辑

编辑菜单主要通过调用 AutoCAD 命令，利用其强大丰富、灵活方便的编辑功能来编辑图形。

（1）**编辑文本文件**

功能：直接调用 Windows 系统的"记事本"来编辑文本文件，如编辑权属引导文件或坐标数据文件。

操作过程：左键点取本菜单后，选择需要编辑的文件即可。

（2）对象特性管理

功能：管理图形实体在 AutoCAD 中的所有属性。

操作过程：左键点取本菜单后，就会弹出对象特性管理器，如图 3-4 所示。

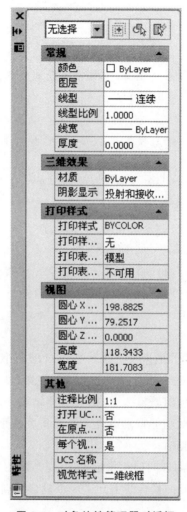

图 3-4　对象特性管理器对话框

（3）其他

包括删除、断开、延伸、修剪、对齐、移动、旋转、复制、阵列等 CAD 软件中常见的编辑命令。

子任务 2　认识右侧屏幕菜单

CASS 软件（Southmap 软件）屏幕右侧设置了"屏幕菜单"，这是一个测绘专用交互绘图菜单。

进入右侧屏幕菜单的交互编辑功能时,必须先选定定点方式,包括"坐标定位""测点点号""地物匹配"等方式。如图 3-5 所示。

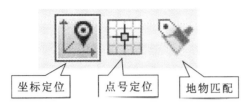

坐标定位　　　　点号定位　　　　地物匹配

图 3-5　定点方式

右侧屏幕菜单(即地物绘制面板)下有注记、定位基础、水系设施、居民地、独立地物、交通设施、管线设施、境界线、地貌土质、植被土质等地物类别。点击二级菜单右侧的小三角按钮,则会弹出显示地物图标。

1. 文字注记

执行此菜单后,会弹出一个对话框,如图 3-6 所示。

> **注意**:注记内容均在 ZJ 层。

图标菜单的操作如下:

在左边的文字框或右边的图块框都可以选取;

如果使用左边的文字框,请用鼠标按住文字框右边的竖直滚动杠进行翻页查找,找到后用鼠标选取,然后单击【OK】按钮确定;

如果使用右边的图块框,请用鼠标分别按 PREVIOUS、NEXT 按钮翻页,查找所需要的注记,找到后用鼠标双击标有注记的图标或用鼠标选取后单击【OK】按钮确定。

图 3-6　文字注记对话框

2. 定位基础

功能：交互展绘各种测量控制点（平面控制点、其他控制点）。

显示：如图 3-7 所示。

> 说明：菜单中各个子项的操作方法基本上一样。以导线点为例说明其操作步骤。

操作过程：按命令栏提示反复输入导线点；

提示：高程(m)：输入控制点高程；

点名：输入控制点点名；

输入点：输入控制点点位，用鼠标指定或用键盘输入坐标。

系统将在相应位置上依图式展绘控制点的符号，并注记点名和高程值。

3. 居民地及设施

功能：交互绘制居民地图式符号。其对话框如图 3-8 所示（一般房屋、普通房屋、特殊房屋、房屋附属、支柱墩、垣栅），具体的画法将在后续任务的执行过程中学习。

图 3-7　控制点对话框

图 3-8　绘制居民地对话框

4. 其他

例如独立地物、交通设施、境界线、植被土质等将在后续任务的执行过程中学习。

【知识加油站】关于 CASS、Southmap

CASS 软件是广东南方数码科技股份有限公司基于 CAD 平台开发的一套集地形、地籍、空间数据建库、工程应用、土石方算量等功能为一体的软件系统。自 CASS 软件推出以来，国内市场占有率遥遥领先，已经成为业内应用最广、使用最方便快捷的软件品牌。CASS 软件经过十几年的稳定发展，市场和技术十分成熟，用户遍及全国各地，涵盖了测绘、国土、规划、房产、市政、环保、地质、交通、水利、电力、矿山及相关行业，得到了用户的一致好评。

南方地理信息数据成图软件 Southmap 是通过南方测绘 20 余年软件研发经验，基于 AutoCAD 和国产 CAD 平台，集数据采集、编辑、成图、质检等功能于一体的成图软件，主要用于大比例尺地形图绘制、三维测图、点云绘图、日常地籍测绘、工程土石方计算、职业教育等领域。它严格遵循《国家基本比例尺地图图式 第 1 部分：1∶500 1∶1000 1∶2000 地形图图式》(GB/T 20257.1—2017)标准；提供标准绘图、快速绘图、自动绘图等方式高效绘图；提供多种地理信息数据处理工具，包括复合线处理、等高线处理等；支持输出标准图幅、任意图幅、小比例尺图幅。

【任务小结】

通过屏幕顶部菜单及屏幕右侧菜单的熟练操作，可以对 CASS 软件的运行环境和界面更加熟悉，能准确新建、打开、保存文件，对各类地物、地貌符号库所在位置建立了初步印象，为后续的地物、地貌的绘制奠定基础。

任务 3.2　数据传输与展点

【任务描述】

外业采集的原始数据多数是以点位坐标的形式、以固定格式(各个品牌、型号的格式有所区别)存储，只有将原始数据正确传输到计算机中，再用软件准确调用，才能开展后续的成图工作。

【任务实施】

以全站仪和 RTK 为例，使用 CASS 软件准确将数据传输到计算机，确定显示区，采用坐标定位(测点点号定位)成图法完成点位的展点。

子任务 1 数据传输

1. 利用软件下载全站仪数据

把全站仪用数据线与电脑连接,然后开机,按 MENU 按钮,然后按 F3,接着再按两次 F4,到"存储管理"界面。此界面中,F1 表示数据通讯,F2 表示初始化。按 F1 按钮—按 F1 GTS 格式—按 F1 发送数据—按 F2 坐标数据,继续按 F2(12 位),调用出需要导出的作业文件夹,再按 F4 回车。

打开电脑上的南方 CASS 软件,打开菜单"数据"项下的"读取全站仪数据"(图 3-9),出现如图 3-10 所示的全站仪内存数据转换界面。

图 3-9 读取全站仪数据界面

图 3-10 全站仪内存数据转换界面

把界面参数选择与全站仪通讯设置相同,然后点击"CASS 坐标文件"后的"选择文件"按钮,输入导出数据的文件名(例如 2008),如图 3-11 所示,保存,然后按"转换"按钮,出现如图 3-12 所示界面。

先在电脑上按回车键,再在全站仪上按 F3(是)键,之后数据开始导出。数据全部导出后,软件左下角出现如图 3-13 所示的界面。

2. 利用 USB 接口读取内存数据

对于近几年出现的全站仪,可以使用 USB 接口连接计算机读取内存数据。

(1) 全站仪数据传输

下面以南方 NTS-552 智能安卓全站仪为例,演示数据的导出过程。

全站仪数据传输

图 3-11 导出数据及其文件名输入界面

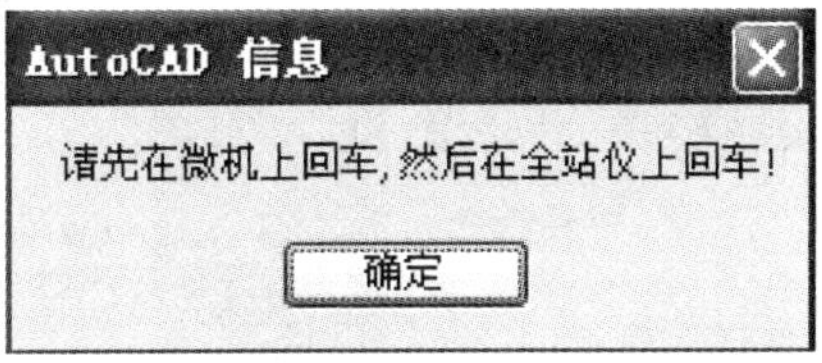

图 3-12 数据传输确认提示界面

图 3-13 数据传输完成提示界面

调出"数据"界面,点击"＋",选择"导出数据",筛选需要导出的数据,点击"导出",输入导出文件名的名称,选择类型为"坐标数据",格式选择"dat 文件",提示"数据导出成功",并显示出数据的导出路径。如图 3-14 所示。

利用数据线,将全站仪和电脑连接。在电脑上,找到"H6",单击"内部存储设备",选择"survey star export"文件夹(注意:该文件夹为全站仪数据的导出路径),再将导出的dat 文件复制到电脑。通过记事本打开该数据文件,即可查看点位信息。

(2) RTK 数据传输

下面以南方创享 RTK 为例,演示数据的导出过程。

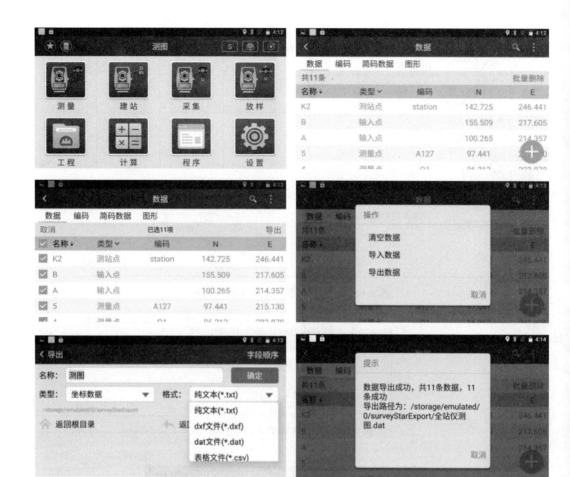

图 3-14 全站仪数据传输

视频

RTK 数据传输

① 点击"工程",选择"文件导入导出",选择"成果文件导出",输入导出文件名的名称,选择文件类型为"CASS 文件",点击"确定",提示"导出数据成功";

② 利用数据线,将 RTK 手簿和电脑连接;

③ 在电脑上,找到"H6",单击"内部共享存储空间",选择"SOUTH GNSS EGStar"文件夹,选择"expot",再将导出的 dat 文件复制到电脑;

④ 通过记事本打开该数据文件,即可查看点位信息。

子任务 2 展点与定位

1. 定显示区

定显示区就是通过坐标数据文件中的最大、最小坐标定出屏幕窗口的显示范围。进入 CASS 主界面,鼠标单击"绘图处理"项,即出现如图 3-15 所示的下拉菜单。

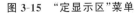

图 3-15 "定显示区"菜单

样例数据

展点与定位方法

然后移至"定显示区"项,使之以高亮显示,按鼠标左键,即出现一个"选择 dat 文件"的对话框(图 3-16)。

图 3-16 选择定显示区的 dat 文件

这时,需要输入坐标数据文件名,可参考 Windows 选择打开文件的方法操作,也可直接通过键盘输入。如本任务选择"STUDY.DAT",再移动鼠标至"打开(O)"处,按鼠标左键。这时,命令区显示:

最小坐标(米):X=31056.221,Y=53097.691

最大坐标(米):X=31237.455,Y=53286.090

2. 选择测点点号定位成图法

移动鼠标至屏幕右侧菜单区的"点号定位"项,按鼠标左键,即出现图 3-17 所示的对话框。

图 3-17 选择"点号定位"数据文件

选择本任务的案例数据"STUDY.DAT"后,命令区提示:

读点完成! 共读入 120 个点

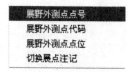

图 3-18 选择"展野外测点点号"

3. 展点

在屏幕顶部菜单"绘图处理"中选择"展野外测点点号"项,如图 3-18 所示。按鼠标左键后,即出现如图 3-19 所示的对话框。

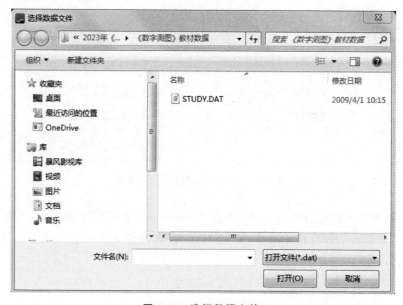

图 3-19 选择数据文件

选择对应的坐标数据文件"STUDY.DAT"后,便可在屏幕上展出野外测点的点号,如图 3-20 所示。

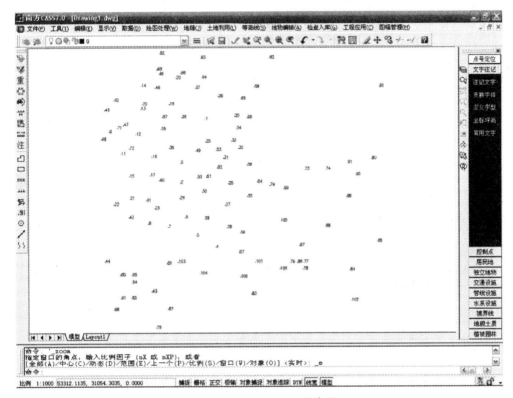

图 3-20　STUDY.DAT 展点图

【知识加油站】

1. 常见全站仪数据传输线介绍

通常黑白屏 DOS 界面的全站仪传输观测数据的数据线主要使用的是 Hirose 接口与 RS232 接口,连接全站仪端的是 6 芯的 Hirose 接口,如图 3-21 所示,而连接电脑 PC 端的是 9 芯 RS232(也称为串行接口或 COM1)接口,如图 3-22 所示。

图 3-21　仪器端六芯 Hirose 接口

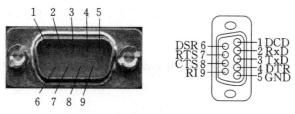

图 3-22 PC 端九芯 RS232 接口

现在很多 PC 机和笔记本电脑不再配置 RS232 串行接口，而 USB 通用串行接口开始流行，为解决全站仪数据传送问题，出现了采用 Hirose 接口与 USB 接口的数据传输线，或者采用 RS232 与 USB 转接头来解决（图 3-23）。

 +  =

Hirose接口与RS232接口　　　　RS232接口与USB接口　　　　Hirose接口与USB接口

图 3-23 Hirose 接口与 USB 接口的数据传输线

2. 全站仪的通信参数设置

系统与各全站仪联机测量功能中，已设定了不同的通信参数，一般与厂家设置的相同，但也有必要在使用前进行检查，表 3-3 所示仅为参考设置。

表 3-3 全站仪通信参数

仪器名称	波特率	奇偶性	字长	停止位
徕卡	2400	E	8	1
索佳	1200	N	8	1
拓普康	1200	E	8	1
南方	1200	N	8	1
宾得	1200	N	8	1
尼康	4800	N	8	1
蔡司	2400	N		

仪器名称	波特率	奇偶性	字长	停止位
捷创力	1200	N	8	1
科力达	1200	N	8	1
瑞得	1200	N	7	1

3. 绘图处理

（1）定显示区

功能：通过给定坐标数据文件定出图形的显示区域，即根据输入坐标数据文件的数据大小定义屏幕显示区域的大小，以保证所有点可见。

操作过程：执行此菜单后，会弹出一个对话框，要求输入测定区域的野外坐标数据文件，计算机自动求出该测区的最大、最小坐标，然后系统自动将坐标数据文件内所有的点都显示在屏幕显示范围内。

说明：每作一幅新图形时最好先做这一步。若是没有做这一步，也可随后用右侧屏幕菜单中的"缩放全图"按钮实现全图显示。

（2）改变当前图形比例尺

功能：CASS软件根据输入的比例尺调整图形实体，具体为修改符号和文字的大小、线型的比例，并且会根据骨架线重构复杂实体。

操作过程：执行此菜单后，见命令区提示。

提示：

输入新比例尺 1:___ 按提示输入新比例尺的分母后回车。

> 注意：有时带线型的线状实体，如陡坎，会显示成一根实线，这并不是图形出错，而只是显示的原因，要想恢复线型的显示，只需输入"REGEN"命令即可。

（3）野外测点点号

功能：展绘各测点的点名及点位，供交互编辑时参考。操作同展高程点。

（4）野外测点代码

功能：展绘各测点编码及点位（在软件自带的简码坐标数据文件或自行编码的坐标数据文件里有），供交互编辑时参考。

（5）野外测点点位

功能：仅展绘各测点位置（用点表示），供交互编辑时参考。

（6）切换展点注记

功能：用户在执行菜单命令"展野外测点点号"或"展野外测点代码"或"展野外测点

点位"后,可以执行"切换展点注记"菜单命令,使展点的方式在"点位""点号""代码"和"高程"之间切换,做到一次展点,多次切换,满足成图出图的需要。

【任务小结】

本任务从全站仪连接计算机开始,到进行传输数据、采用点号定位成图法展野外点号,之后又在知识加油站中拓展了定显示区、改变比例尺等功能,为后续的地物、地貌绘制奠定基础。

任务 3.3 绘制地物

【任务描述】

主要通过屏幕右侧菜单栏,调用准确的地物符号,根据软件的绘图规则,完成所有地物的绘制。

【任务实施】

以道路、房屋、独立地物、水系设施、管线设施、植被等典型地物为例,利用 Southmap 软件完成相应地物的绘制。

子任务 1 绘制道路

以"Southmap"软件为例,选择右侧屏幕菜单的"城际公路"按钮,再选择"平行的县道乡道村道",如图 3-24 所示。

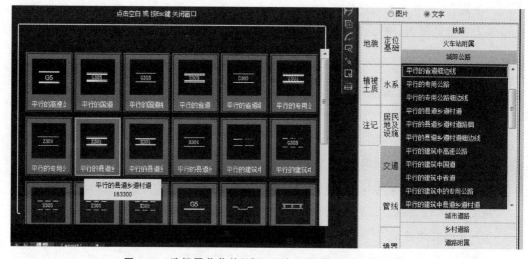

图 3-24 选择屏幕菜单"城际公路/平行的县道乡道村道"

输入绘图比例尺 1∶500,在点号定位模式下一次输入:

点 P/〈点号〉输入 92,回车。

点 P/〈点号〉输入 45,回车。

点 P/〈点号〉输入 46,回车。

点 P/〈点号〉输入 13,回车。

点 P/〈点号〉输入 47,回车。

点 P/〈点号〉输入 48,回车。

点 P/〈点号〉回车。

拟合线〈N〉? 输入 Y,回车。

说明:输入 Y,将该边拟合成光滑曲线;输入 N(缺省为 N),则不拟合该线。

1. 边点式/2.边宽式〈1〉:回车(默认 1)

说明:选 1(缺省为 1),将要求输入公路对边上的一个测点;选 2,要求输入公路宽度。

对面一点:

点 P/〈点号〉输入 19,回车。

这时平行的县道乡道村道就作好了,如图 3-25 所示。

视频

线状地物的绘制方法

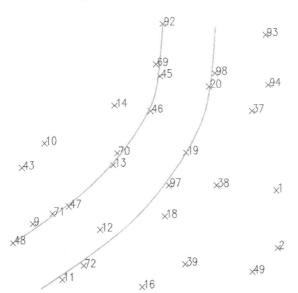

图 3-25 作好的一条平行的县道乡道村道

子任务 2 绘 制 房 屋

选择右侧屏幕菜单的"居民地/一般房屋"选项,弹出如图 3-26 所示界面。

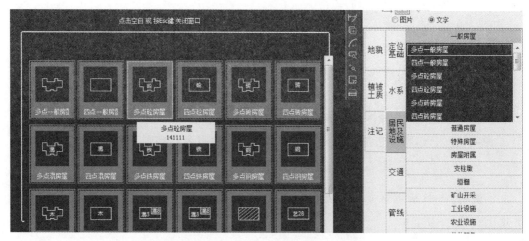

图 3-26 选择屏幕菜单"居民地及设施/一般房屋"

先用鼠标左键选择"多点砼房屋",再点击"OK"按钮。命令区提示:

第一点:

点 P/〈点号〉输入 49,回车。

指定点:

点 P/〈点号〉输入 50,回车。

闭合 C/隔一闭合 G/隔一点 J/微导线 A/曲线 Q/边长交会 B/回退 U/点 P/〈点号〉输入 51,回车。

闭合 C/隔一闭合 G/隔一点 J/微导线 A/曲线 Q/边长交会 B/回退 U/点 P/〈点号〉输入 J,回车。

点 P/〈点号〉输入 52,回车。

闭合 C/隔一闭合 G/隔一点 J/微导线 A/曲线 Q/边长交会 B/回退 U/点 P/〈点号〉输入 53,回车。

闭合 C/隔一闭合 G/隔一点 J/微导线 A/曲线 Q/边长交会 B/回退 U/点 P/〈点号〉输入 C,回车。

输入层数:〈1〉回车(默认输 1 层)。

> **说明:**选择多点砼房屋后自动读取地物编码,用户不须逐个记忆。从第三点起弹出许多选项,这里以"隔一点"功能为例,输入 J,输入一点后系统自动算出一点,使该点与前一点及输入点的连线构成直角。输入 C 时,表示闭合。

再作一个多点砼房,熟悉一下操作过程。命令区提示:

Command：dd

输入地物编码：〈141111〉141111

第一点：点 P/〈点号〉输入 60,回车。

指定点：

点 P/〈点号〉输入 61,回车。

闭合 C/隔一闭合 G/隔一点 J/微导线 A/曲线 Q/边长交会 B/回退 U/点 P/〈点号〉输入 62,回车。

闭合 C/隔一闭合 G/隔一点 J/微导线 A/曲线 Q/边长交会 B/回退 U/点 P/〈点号〉输入 A,回车。

微导线 — 键盘输入角度(K)/〈指定方向点(只确定平行和垂直方向)〉用鼠标左键在 62 点上侧一定距离处点一下。

距离〈m〉：输入 4.5,回车。

闭合 C/隔一闭合 G/隔一点 J/微导线 A/曲线 Q/边长交会 B/回退 U/点 P/〈点号〉输入 63,回车。

闭合 C/隔一闭合 G/隔一点 J/微导线 A/曲线 Q/边长交会 B/回退 U/点 P/〈点号〉输入 J,回车。

点 P/〈点号〉输入 64,回车。

闭合 C/隔一闭合 G/隔一点 J/微导线 A/曲线 Q/边长交会 B/回退 U/点 P/〈点号〉输入 65,回车。

闭合 C/隔一闭合 G/隔一点 J/微导线 A/曲线 Q/边长交会 B/回退 U/点 P/〈点号〉输入 60,回车。

闭合 C/隔一闭合 G/隔一点 J/微导线 A/曲线 Q/边长交会 B/回退 U/点 P/〈点号〉输入 C,回车。

输入层数：〈1〉输入 2,回车。

> 说明："微导线"功能由用户输入当前点至下一点的左角(°)和距离(m),输入后软件将计算出该点并连线。要求输入角度时若输入 K,则可直接输入左向转角,若直接用鼠标点击,只可确定垂直和平行方向。此功能特别适合知道角度和距离但看不到点的位置的情况,如房角点被树或路灯等障碍物遮挡时。

四点房屋和多点房屋的绘制方法

微导线法成图方式

两栋房子和平行县道乡道村道"建"好后,效果如图 3-27 所示。

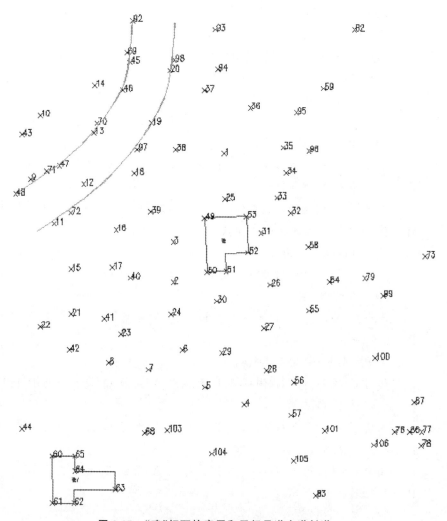

图 3-27 "建"好两栋房子和平行县道乡道村道

子任务3 绘制其他地物

类似子任务 1 与子任务 2 的操作,分别利用右侧屏幕菜单绘制其他地物。

在"居民地"菜单中,用 3、39、16 三点完成利用三点绘制 2 层砖结构的四点房;用 68、67、66 绘制不拟合的依比例围墙;用 76、77、78 绘制四点棚房。

在"交通设施"菜单中,用 86、87、88、89、90、91 绘制拟合的小路;用 103、104、105、106 绘制拟合的不依比例乡村路。

在"地貌土质"菜单中,用 54、55、56、57 绘制拟合的坎高为 1 m 的陡坎;用 93、94、95、96 绘制不拟合的坎高为 1 m 的加固陡坎。

在"独立地物"菜单中,用 69、70、71、72、97、98 分别绘制路灯;用 73、74 绘制宣传橱窗;用 59 绘制不依比例肥气池。

在"水系设施"菜单中,用 79 绘制水井。

在"管线设施"菜单中,用 75、83、84、85 绘制地面上输电线。

在"植被园林"菜单中,用 99、100、101、102 分别绘制果树独立树;用 58、80、81、82 绘制菜地(第 82 号点之后仍要求输入点号时直接回车),要求边界不拟合,并且保留边界。

在"控制点"菜单中,用 1、2、4 分别生成埋石图根点,在提问点名、等级时分别输入 D121、D123、D135。

最后选取"编辑"菜单下的"删除"二级菜单下的"删除实体所在图层",鼠标符号变成了一个小方框,用左键点取任何一个点号的数字注记,所展点的注记将被删除。

平面图作好后效果如图 3-28 所示。

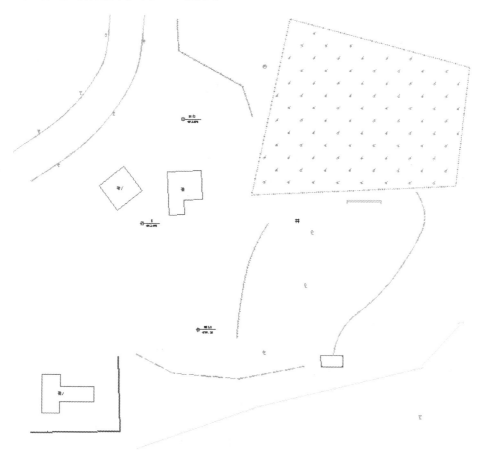

图 3-28　地物绘制完成后的平面图

视频

几种常见水系的绘制方法

【知 识 加 油 站】

1. 地物符号的使用方法

绘制地物时,应依据国家基本比例尺地图图式正确选择地物符号,注意"点状地物定位点正确,线状地物走向清楚,面状地物要封闭"。同时,还需要注意以下几点:

(1)两地物相重叠或立体交叉时,按投影原则下层被上层遮盖的部分断开,上层保持完整。

(2)如果某些地区地物的密度过大,图上不能容纳时,允许将符号的尺寸略为缩小(缩小率不大于 0.8)或移动次要地物符号。

(3)双线表示的线状地物其符号相距很近时,可采用共线表示。

(4)点状地物与房屋、道路、水系等其他地物重合时,可中断其他地物符号,间隔 0.3 mm,以保持独立符号的完整性。

(5)实地上有些建筑物、构筑物,图式中未规定符号,又不便归类表示者,可表示该物体的轮廓图形或范围,并加注说明。地物轮廓图形线用 0.15 mm 实线表示,地物分布范围线、地类界线用地类界符号表示。

2. "简码法"工作流程

"简码法"即带简编码格式的坐标数据文件自动绘图方式,与"草图法"在野外测量时不同的是,每测一个地物点都要在电子手簿或全站仪上输入地物点的简编码。简码法的内业成图步骤如下:

(1)定显示区

该步骤与"草图法"中"测点点号"定位绘图方式作业流程的"定显示区"操作相同。

(2)简码识别

简码识别的作用是将带简编码格式的坐标数据文件转换成计算机能识别的程序内部码(又称绘图码)。移动鼠标至菜单"绘图处理"—"简码识别"项,该处以高亮度(深蓝)显示,按左键,即出现要求选择简编码文件的对话框,然后输入带简编码格式的坐标数据文件名,当提示区显示"简码识别完毕!"同时在屏幕绘出平面图形。

【任 务 小 结】

通过调用屏幕右侧菜单栏中的地物符号,完成点状、线状、面状地物的绘制,知识加油站中又拓展了地物符号的使用方法以及简码法工作流程,这也为后期等高线的绘制任务奠定了基础。

任务 3.4　等高线的绘制、修剪与注记

【任务描述】

实际地形情况在图上是通过等高线来表达的,传统的等高线的绘制效率较低,通过CASS 软件可以根据采集的高程点建立 DTM,批量生成等高线,并根据实际情况修改等高线。

【任务实施】

利用 CASS 软件,根据样例数据"STUDY.DAT"生成三角网,并绘制等高线。再利用等高线修剪工具批量修剪等高线,并完成等高线的注记。

子任务 1　绘制等高线

展高程点:用鼠标左键点取"绘图处理"菜单下的"展高程点",将会弹出数据文件的对话框,找到"STUDY.DAT",选择"确定",命令区提示"注记高程点的距离(米):",直接回车,表示不对高程点注记进行取舍,全部展出来。

建立 DTM 模型:用鼠标左键点取"等高线"菜单下的"建立 DTM",弹出如图 3-29 所示的对话框。

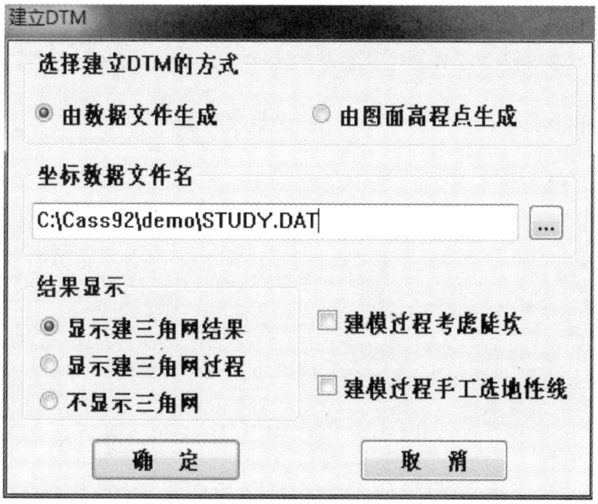

图 3-29　建立 DTM 对话框

根据需要选择建立 DTM 的方式和坐标数据文件名,然后选择建模过程是否考虑陡坎和地性线,点击"确定",生成如图 3-30 所示的 DTM 模型。

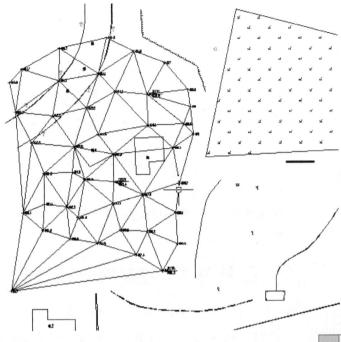

图 3-30　建立 DTM 模型

视频

等高线的绘制方法

绘等高线:用鼠标左键点取"等高线/绘制等高线",弹出如图 3-31 所示的对话框。

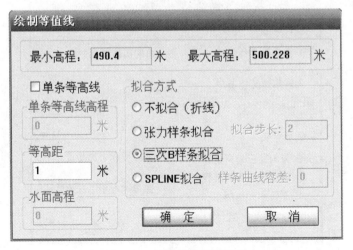

图 3-31　绘制等高线对话框

输入等高距,选择拟合方式后,点击"确定",系统马上绘制出等高线。再选择"等高线"菜单下的"删三角网",这时屏幕显示如图 3-32 所示。

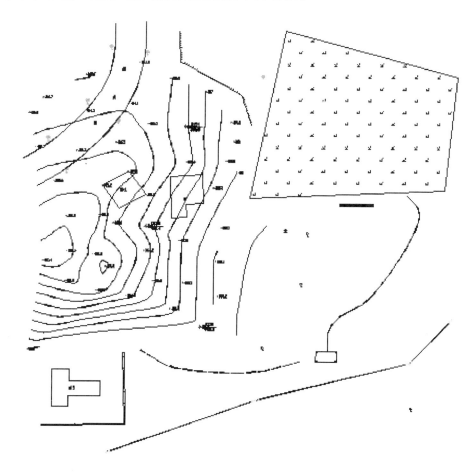

图 3-32　绘制等高线

子任务 2　等高线的修剪与注记

等高线的修剪工具提供了强大的等高线修饰功能,其子菜单如图 3-33 所示。

图 3-33　"等高线修剪"菜单

1. 批量修剪等高线

选择"批量修剪等高线",弹出如图 3-34 所示的对话框。

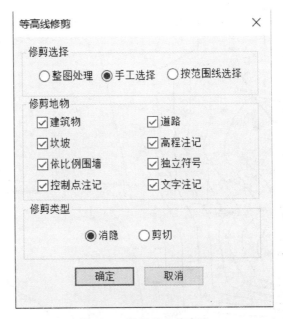

图 3-34　批量修剪等高线

　　首先选择是消隐还是剪切等高线,通常建筑物、坎坡、依比例围墙、道路等选择消隐,控制点注记、高程注记、独立符号、文字注记,则选择剪切。然后选择是"整图处理"还是"手工选择"需要修剪的等高线,最后选择地物和注记符号,单击"确定"后会根据输入的条件修剪等高线。

等高线的修剪

2. 切除指定二线间的等高线

　　"切除指定二线间的等高线"一般用于切除穿公路等地形的等高线。依提示依次用鼠标左键选取指定两线即可,软件将自动切除等高线穿过道路的部分。需注意的是,两条线应该是复合线,且不能相交。

等高线的注记方法

3. 切除指定区域内等高线

　　点取"切除指定区域内等高线"后,按命令行提示选择要切除等高线的封闭复合线,软件将自动搜寻穿过封闭区域的等高线并将其进行修剪。

　　等高线注记包括"单个高程注记""沿直线高程注记""单个示坡线""沿直线示坡线"等子菜单。

【知识加油站】

1. DTM 与 DEM

DTM(Digital Terrain Model)即数字地面模型,是一个表示地面特征空间分布的数据库,一般用一系列地面点坐标(x,y,z)及地表属性(目标类别、特征等)形成数据阵列,以此组成数字地面模型。有时所指的地形特征点仅指地面点的高程,就将这种数字地形描述称为数字高程模型(Digital Elevation Model,DEM)。

数字地面模型是地理信息系统地理数据库中最为重要的空间信息资料和赖以进行地形分析的核心数据系统,是构建国家空间数据基础设施的重要框架数据之一。数字地面模型在测绘、资源与环境、灾害防治、国防等与地形分析有关的科研及国民经济各领域有着重要作用。

2. DTM、等高线的编辑

(1) 图面完善

功能:利用"图面 DTM 完善"即可将各个独立的 DTM 模型自动重组在一起,而不必进行数据的合并后再重新建立 DTM 模型。

操作过程:执行此菜单后,见命令区提示。

提示:

选择要处理的高程点、控制点及三角网:选择需要建网的点或三角网。

(2) 删除三角形

功能:当发现某些三角形内不应该有等高线穿过时,就可以用该功能删去它。注意各三角形都和邻近的三角形重边。

操作过程:执行此菜单后,见命令区提示。

提示:

select objects:用鼠标在三角网上选取待删除的三角形后回车或按鼠标右键,三角形消失。当修改完确认无误后,必须进行修改结果存盘。

(3) 过滤三角形

功能:将不符合要求的三角形过滤掉。

操作过程:执行此菜单后,见命令区提示。

提示:

请输入最小角度:(0-30)〈10 度〉在 0-30 度之间设定一个角度,若三角形中有小于此设定角度的角,则此三角形会被系统删除掉。

请输入三角形最大边长最多大于最小边长的倍数:〈10.0 倍〉设定一个倍数,若三角形最大边长与最小边长之比大于此倍数,则此三角形会被系统删除掉。

（4）增加三角形

功能：将未连成三角形的三个地形点（测点）连成一个三角形。

操作过程：执行此菜单后，见命令区提示。

提示：

依次为顶点1、顶点2、顶点3，用鼠标在屏幕上指定，系统自动将捕捉模式设为捕捉交点，以便指定已有三角形的顶点。增加的三角形的颜色为蓝色，以便和其他三角形区别。当增加完三角形确认无误后，请立即进行修改结果存盘。

> **注意**：每次指定一顶点，若指定的不是已有三角形的顶点，会有提示：
>
> 顶点x高程（米）＝（x代表顶点序号），输入该点的高程即可。

（5）三角形内插点

功能：通过在已有三角形内插一个点来增加建网三角形。

操作过程：执行此菜单后，见命令区提示。

提示：

输入要插入的点：输入插入点。

高程（米）＝输入此点高程。

（6）删三角形顶点

功能：删除指定的三角形顶点。适用于DTM中有错误点的情况，为避免画等高线时出错将该顶点删除。

操作过程：见命令区提示。

提示：

请点取要删除的三角形顶点：选取要删除的点。

系统会立即从三角网中删除该点，并重组相关区域的三角形。

（7）重组三角形

功能：通过改换三角形公共边顶点重组不合理的三角网。指定两相邻三角形的公共边，系统自动将两三角形删除，并将两三角形的另两点连接起来构成两个新的三角形。如果因两三角形的形状无法重组，会有出错提示。

操作过程：执行此菜单后，见命令区提示。

提示：

指定要重组的三角形边：此指定边应是相邻两三角形的公共边。

（8）加入地性线

功能：由于等高线与地性线是互相垂直的关系，所以在建三角网时要考虑到地性线的位置。

操作过程:执行此菜单后,见命令区提示。

提示:

第一点:输入一地性线的起点。

曲线 Q/边长交会 B/〈指定点〉输入第二点。

·继续输入点,回车结束。

(9)删三角网

功能:删除整个 DTM 三角网图形。当想单看等高线效果时,需要执行此功能删除三角网。

(10)三角网存取

功能:可将已经建立好的三角网 DTM 模型保存到文件中,随时调用。

(11)修改结果存盘

功能:将修改好的 DTM 三角网存入文件。

> **注意**:CASS 软件关于三角网的所有过程文件都是系统自己定义的,运行过程中不必输入任何文件名。存盘的结果将在下次绘制等高线时用到,不存盘则所做修改无效。

【任务小结】

本任务通过展高程点、建立 DTM、绘制等高线、修剪等高线等实际操作,使学生熟练掌握地形绘制的技能。

任务 3.5 添加注记与添加图框

【任务描述】

一幅完整的地形图应该包括注记和图框,本任务将根据实际地形情况添加对于各类地物、地貌的注记,并添加图框。

【任务实施】

以道路名称为例,采用"水平字列"排列方式添加注记,并按照标准图幅、自由分幅(可见视频资源)两种方法添加图框,进行图幅整饰。

子任务 1 添加注记

以在平行等外公路上加"经纬路"三个字为例。

用鼠标左键点取右侧屏幕菜单的"文字注记"项,弹出如图 3-35 所示的界面。

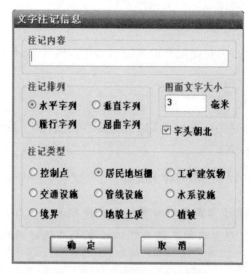

图 3-35 弹出文字注记对话框

首先在需要添加文字注记的位置绘制一条拟合的多功能复合线,然后在注记内容中输入"经纬路"并选择注记排列和注记类型,输入文字大小,点击"确定"后,选择绘制的拟合的多功能复合线即可完成注记,如图 3-36 所示。

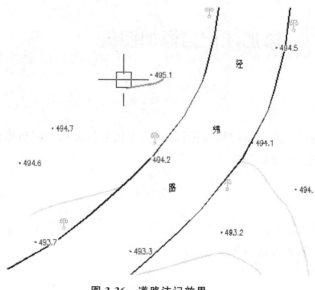

图 3-36 道路注记效果

经过以上各步,生成如图 3-37 所示的地形图。

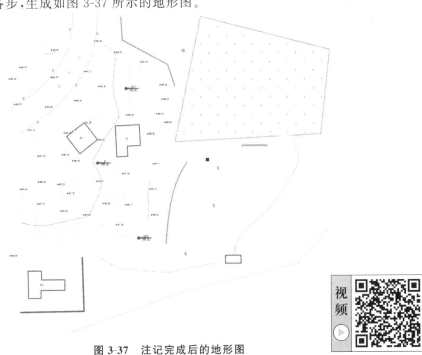

图 3-37　注记完成后的地形图

添加注记

子任务 2　添加图框

用鼠标左键点击"绘图处理"菜单下的"标准图幅(50×40)",弹出如图 3-38 所示的界面。

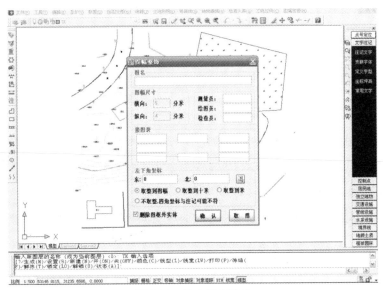

图 3-38　输入图幅信息

视频

图廊整饰

在"图名"栏里,输入"建设新村";在"测量员""绘图员""检查员"各栏里分别输入"张三""李四""王五";在"左下角坐标"的"东""北"栏内分别输入"53073""31050";在"删除图框外实体"栏前打钩,然后点击"确认"。这样这幅图就作好了,如图 3-39 所示。

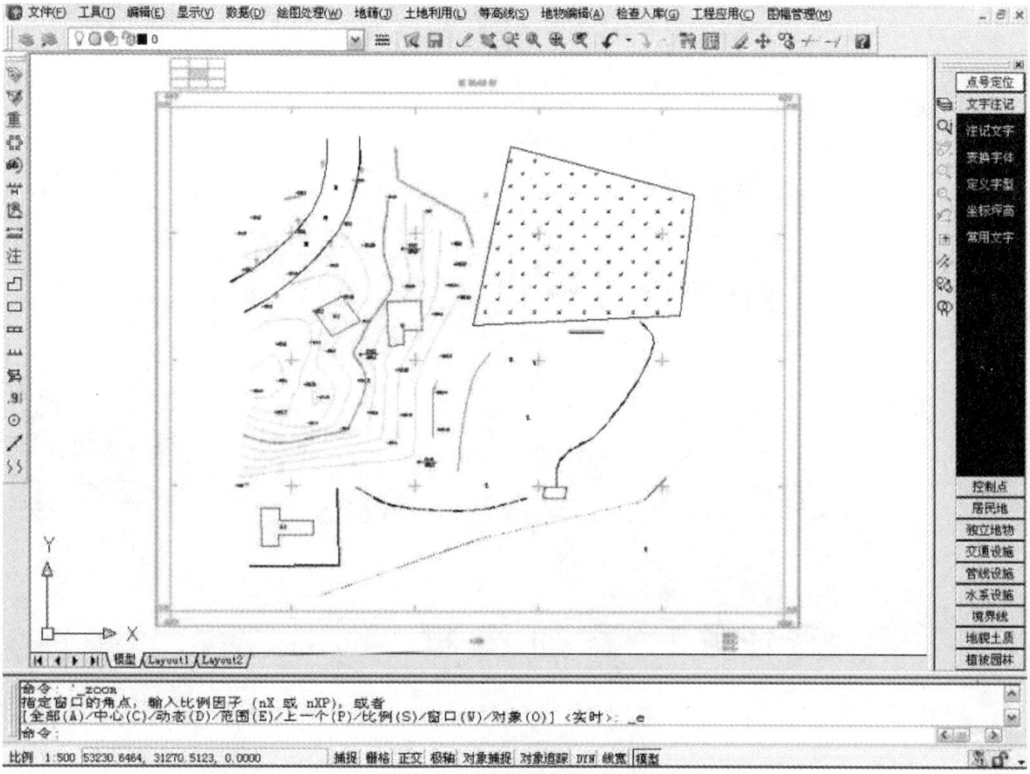

图 3-39　加图框后效果图

【知识加油站】

1. 文字注记样式

可以依次点击"文件"—"CASS 参数配置",再在弹出的窗口左侧点击"文字注记样式"来设置相关注记的配置,如图 3-40 所示。

2. 自定义宗地图框

菜单位置:"地籍"—"绘制宗地图框"—"自定义宗地图框",如图 3-41 所示。

功能:设置自定义宗地图框的图廓要素。

操作:点击本菜单,出现图 3-41 所示对话框。编辑自定义信息后点击"绘制图框"和"设置插入点"。

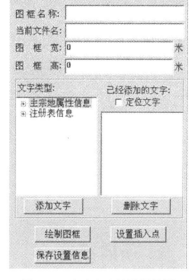

图 3-40　文字注记样式配置　　　　　图 3-41　自定义宗地图框界面

【任务小结】

本任务通过对不同地物的不同类型的注记,使学生熟练掌握地形图注记的技能,并且能够准确添加图框。至此,项目的数字地形图成图完毕。

项目三练习

项目四
数字地形图检查验收与技术总结

项目概述

　　为确保大比例尺数字地形图测绘成果质量的可靠性,需依据《1∶500、1∶1000、1∶2000 地形图质量检验技术规程》(CH/T 1020—2010)、《数字线划图(DLG)质量检验技术规程》(CH/T 1025—2011)、《数字测绘成果质量检查与验收》(GB/T 18316—2008)、《测绘成果质量检查与验收》(GB/T 24356—2023)等规范进行数字地形图检查验收与技术总结。主要包括大比例尺数字地形图的质量要求、数字测图质量控制方法、数字地形图的质量检查与验收,数字测图项目成果检查与评定、技术总结等。

项目目标

　　1.理解数字测图成果检查与验收的内容、方法及质量评定。
　　2.能进行数字测图成果的检查与验收及质量评定。
　　3.能编写数字测图项目技术总结。

任务4.1　数字地形图检查验收

【任务描述】

　　数字测图的成果为大比例尺地形图及相关资料,对其质量进行检查验收与评定是测绘生产中必不可少的重要环节。本任务主要从数字测图成果验收的二级检查一级验收、检查验收依据、数学精度检测、质量等级、记录与报告、质量问题处理、单位成果质量评定、抽样检查程序、成果质量元素及错漏分类几个方面介绍数字地形图检查验收的办法和相关要求。

【任务实施】

参照《1：500、1：1000、1：2000 地形图质量检验技术规程》(CH/T 1020—2010)、《测绘成果质量检查与验收》(GB/T 24356—2023)等标准,从检查验收的基本规定、数字地形图检验内容与方法以及数字地形图质量评定等方面介绍数字地形图检查验收的相关内容。

1. 检查验收的基本规定

(1) 二级检查一级验收

测绘成果质量通过二级检查一级验收方式进行控制,测绘成果应依次通过测绘单位作业部门的过程检查、测绘单位质量管理部门的最终检查和项目管理单位组织的验收或委托具有资质的质量检验机构进行质量验收。其要求如下:

① 测绘单位实施成果质量的过程检查和最终检查。过程检查采用全数检查。最终检查一般采用全数检查,涉及野外检查项的可采用抽样检查(样本量按表 4-1 所示执行),样本以外的应实施内业全数检查。

表 4-1　批量与样本量对照表

批量	样本量
1~20	3
21~40	5
41~60	7
61~80	9
81~100	10
101~120	11
121~140	12
141~160	13
161~180	14
181~200	15
≥201	分批次提交,批次数应最小,各批次的批量应均匀

注:当样本量等于或大于批量时,则全数检查。

② 验收一般采用抽样检查,样本量按表 4-1 所示执行。质量检验机构应对样本进行详查,必要时可对样本以外的单位成果的重要检查项进行概查。

③ 各级检查验收工作应独立、按顺序进行,不得省略、代替或颠倒顺序。

④ 最终检查应审核过程检查记录，验收应审核最终检查记录。审核中发现的问题作为资料质量错漏处理。

（2）检查验收依据

有关的法律法规，有关国家标准、行业标准、设计书、测绘任务书、合同书和委托验收文件等。

（3）抽样检查程序

根据检验批的批量按照表 4-1 所示确定样本量。

① 抽取样本

样本应分布均匀，以"点""幅"为单位在检验批中随机抽取样本。按照样本量，从批成果中提取样本，并提取单位成果的全部有关资料。下列资料按 100% 提取样品原件或复印件：

a. 项目设计书、专业设计书，生产过程中的补充规定；

b. 技术总结、检查报告及检查记录；

c. 仪器鉴定证书和检验资料复印件；

d.其他需要的文档资料。

② 检验

根据测绘成果的内容和特性，分别采用概查和详查的方式进行检验。

概查是指对影响成果质量的主要项目和带倾向性的问题进行的一般性检查，一般只记录 A 类、B 类错漏和普遍性问题。当概查中未发现 A 类错漏或 B 类错漏小于 3 个时，判成果概查为合格；否则，判概查为不合格。概查主要查重要的要素，比如资料的完整性、控制成果的正确性、图面的完整性等。

详查是根据各单位成果的质量元素及检查项，按有关的规范、技术标准和技术设计的要求逐个检验单位成果，统计存在的各类差错数量并评定单位成果质量。一般而言，详查分为内业和外业，内业详查是全面检查，外业详查则按照比例抽查，检查图面和精度。

③ 样本质量评定

当样本中出现不合格单位成果时，评定样本质量为不合格。

全部单位成果合格后，根据单位成果的质量得分，按照算术平均方式计算样本质量得分 S，并按表 4-2 所示评定样本质量等级。

表 4-2　样本质量等级评定标准

质量等级	质量得分
优	$S \geqslant 90$ 分
良	75 分 $\leqslant S <$ 90 分
合格	60 分 $\leqslant S <$ 75 分

④ 批质量判定

批成果最终检查合格后，按以下原则评定批成果质量等级：

a. 优级：优良品率达到 90% 以上，其中优级品率达到 50% 以上；

b. 良级：优良品率达到 80% 以上，其中优级品率达到 30% 以上；

c. 合格：未达到上述标准的。

验收单位根据评定的样本质量等级，核定批成果质量等级。当测绘单位未评定批成果质量等级，或验收单位评定的样本质量等级与测绘单位评定的批成果质量等级不一致时，以验收单位评定的样本质量等级作为批成果质量等级。

生产过程中，使用未经计量检定或检定不合格的测量仪器，均判为批不合格。

当详查和概查均为合格时，判为批合格，否则，判为批不合格。若验收中只实施了详查，则只依据详查结果判定批质量。

（4）记录及报告

① 检查验收记录包括质量问题及其处理记录、质量统计记录等，记录填写应及时、完整、规范、清晰，检验人员和校验人员签名后的记录禁止更改、增删。

② 最终检查完成后，应编写检查报告；验收工作完成后，应编写检验报告。检查报告和检验报告随测绘成果一并归档。

（5）质量问题处理

① 验收中发现有不符合技术标准、技术设计书或其他有关技术规定的成果时，应及时提出处理意见，交测绘单位进行改正。当问题较多或性质较严重时，可将部分或全部成果退回测绘单位或部门重新处理，然后再进行验收。

② 经验收判为合格的批，测绘单位或部门要对验收中发现的问题进行处理，然后进行复查。经验收判为不合格的批，要将检验批全部退回测绘单位或部门进行处理，然后再次申请验收。再次验收时应重新抽样。

③ 过程检查、最终检查中发现的质量问题应改正。过程检查、最终检查工作中，当对质量问题的判定存在分歧时，由测绘单位总工程师裁定；验收工作中，当对质量问题的判定存在分歧时，由委托方或项目管理单位裁定。

2. 数字地形图检验内容与方法

（1）概查内容

① 使用仪器的检查。检查分析仪器的标称精度是否满足所需精度的要求；检查仪器有无检定证书，分析检定是否合格，是否在有效期内；核查仪器检定证书的签章是否为测绘行政主管部门认可的检定机构。

② 成图范围与区域的检查。依照生产合同、技术设计、图幅接合表等资料，核查分析

成图范围、区域的符合性,测图区域有无漏测;依照生产合同、技术设计、图幅结合表等资料,核查分析自由图边测绘的符合性。

③ 基本等高距的检查。依照规范、技术设计及相关资料,核查分析基本等高距选用的符合性。

④ 图幅分幅及编号的检查。依照生产合同、技术设计、图幅结合表等资料,核查分析图幅分幅的符合性以及图幅编号的正确性。

⑤ 测图控制的检查。采用核查分析的检验方法,检查控制范围及密度的符合性以及图根控制测量方法的符合性。

（2）**详查内容**

① 数学基础的检验

分析检查坐标系统、高程系统的正确性及合理性;检查各类投影计算、使用参数的正确性;检查图根控制测量的精度;检查图廓尺寸及格网尺寸的正确性。

② 数学精度的检验

a. 高程精度检测、平面位置精度检测及相对位置精度检测,检测点（边）应分布均匀、位置明显,要素覆盖全面。检测点（边）数量视地物复杂程度、比例尺等具体情况确定,每幅图一般各选取 20～50 个,尽量按 50 个采集。平面绝对位置检查点应选取明显地物点,主要为明显地物的角隅点,独立地物点,线状地物交点、拐角点,面状地物拐角点等。高程检测点应尽量选取明显地物点和地貌特征点,且尽量分布均匀,避免选取高程急剧变化处。

b. 按单位成果统计数学精度,困难时可以适当扩大统计范围。

c. 高精度检测时,在允许中误差 2 倍以内（含 2 倍）的误差值均参与数学精度统计,超过允许中误差 2 倍的误差视为粗差。同精度检测时,在允许中误差 $2\sqrt{2}$ 以内（含 $2\sqrt{2}$ 倍）的误差值均应参与数学精度统计,超过允许中误差 $2\sqrt{2}$ 的误差视为粗差。

d. 检测点（边）数量＜20 时,以误差的算术平均值代替中误差;当数量≥20 时,按中误差统计。

e. 高精度检测时,中误差计算按下式执行:

$$M = \pm\sqrt{\frac{\sum\limits_{i=1}^{n}\Delta_i^2}{n}}$$

式中,M 为成果中误差;n 为检测点（边）总数;Δ_i 为较差。

f. 同精度检测时,中误差计算按下式执行:

$$M = \pm\sqrt{\frac{\sum\limits_{i=1}^{n}\Delta_i^2}{2n}}$$

式中,M 为成果中误差;n 为检测点(边)总数;Δ_i 为较差。

③ 数据及结构正确性的检验

对照技术设计及相关引用规范,核查文件命名、数据组织和格式的正确性;逐层核查要素分层、用色以及要素属性代码的正确性;检查图层设置的正确性;拼接相邻图幅,逐一核对接边要素属性的一致性。

④ 地理精度

a. 地理精度的野外巡视检查。核查各类地貌、地物要素表示是否完整、正确,地貌特征表示是否真实,是否充分表示出实地的地理特征;核查地物、地貌属性表示的正确性;核查各种名称注记是否表示完整、正确;检查地物要素、地貌要素综合取舍的合理性。

b. 内业图面检查。检查地理要素间主次关系、取舍的正确性,测图控制点密度,高程注记点分布、密度及选点位置的符合性,图幅要素属性接边的正确性。

⑤ 整饰质量

检查图廓外整饰的内容、规格、位置的正确性;符号使用、配置的正确性;各种线划规格、文字注记的字体和字号的规范性;各要素关系的合理性,是否有重叠、压盖现象;各要素用色的正确性以及高程注记点的取位、密度的符合性。

⑥ 附件质量

对照项目设计、技术设计检查上交资料项的齐全性;查看各项上交成果资料,检查资料是否整洁,装订是否齐整;对照相关要求,检查技术总结、检查报告等文档资料的字体、排版等是否规范;检查各项上交成果资料封面、格式、编号是否符合技术设计要求。

3. 数字地形图质量评定

（1）质量等级

样本及单位成果质量采用优、良、合格和不合格四级评定。

测绘单位评定单位成果质量和批成果质量等级。验收单位根据样本质量等级核定批成果质量等级。

（2）单位成果质量评定

① 单位成果质量水平以百分制表征。单位成果质量元素及权、错漏分类按《测绘成果质量检查与验收》(GB/T 24356—2023)中的规定执行。质量元素、质量子元素的权一般不做调整,当检验对象不是最终成果(一个或几个工序成果、某几项质量元素等)时,按《测绘成果质量检查与验收》(GB/T 24356—2023)中规定的相应权的比例调整质量元素的权值,调整后的成果各质量元素权之和应为1.0。

② 数学精度按表 4-3 所示的规定采用分段直线内插的方法计算质量分数。多项数学精度评分时,单项数学精度得分均大于 60 分时,取其算数平均值或加权平均。

表 4-3 数学精度评分标准

数学精度值	质量分数
$0 \leqslant M \leqslant 1/3 \times M_0$	$S = 100$ 分
$1/3 \times M_0 < M \leqslant 1/2 \times M_0$	90 分 $\leqslant S < 100$ 分
$1/2 \times M_0 < M \leqslant 3/4 \times M_0$	75 分 $\leqslant S < 90$ 分
$3/4 \times M_0 < M \leqslant M_0$	60 分 $\leqslant S < 75$ 分

$$M_0 = \pm \sqrt{m_1^2 + m_2^2}$$

式中,M_0 为允许中误差的绝对值;m_1 为规范或相应技术文件要求的成果中误差;m_2 为检测中误差(高精度检测时取 $m_2 = 0$)。

注:M 表示成果中误差的绝对值;S 表示质量分数(分数值根据数学精度的绝对值所在区间进行内插)。

③ 成果质量错漏扣分标准按表 4-4 执行。

表 4-4 成果质量错漏扣分标准

差错类型	扣分值
A 类	42 分
B 类	$12/t$ 分
C 类	$4/t$ 分
D 类	$1/t$ 分

注:一般情况下取 $t = 1$。需要进行调整时,以困难类别为原则,按《测绘生产困难类别细则》进行调整(平均困难类别 $t = 1$)。

④ 单位成果质量评定。当单位成果出现以下情况之一时,即判定为不合格:单位成果中出现 A 类错漏;单位成果高程精度检测、平面位置精度检测及相对位置精度检测,任一项粗差比例超过 5%;质量子元素得分小于 60 分。

根据单位成果的质量得分,按表 4-5 划分质量等级。

表 4-5 单位成果质量等级评定标准

质量等级	质量得分
优	$S \geqslant 90$ 分
良	75 分 $\leqslant S < 90$ 分
合格	60 分 $\leqslant S < 75$ 分
不合格	$S < 60$ 分

（3）质量元素及错漏分类

按照《测绘成果质量检查与验收》（GB/T 24356—2023），大比例尺地形图的质量元素包括数学精度、数据及结构正确性、地理精度、整饰质量和附件质量五个方面。

数学精度包括数学基础、平面精度和高程精度。其中数学基础包括坐标系统、高程系统的正确性，各类投影计算、使用参数的正确性，图根控制测量精度，图廓尺寸、对角线长度、格网尺寸的正确性以及控制点间图上距离与坐标反算长度较差等。平面精度包括平面绝对位置中误差、平面相对位置中误差和接边精度。高程精度包括高程注记点高程中误差，等高线高程中误差和接边精度。

数据及结构正确性包括文件命名、数据组织正确性，数据格式正确性，要素分层正确性、完备性，属性代码正确性和属性接边质量。

地理精度包括地理要素的完整性与正确性，地理要素的协调性，注记和符号的正确性，综合取舍的合理性和地理要素接边质量。

整饰质量包括符号、线划、色彩质量，注记质量，图面要素协调性，图面及图廓外整饰质量。

附件质量包括元数据文件的正确性、完整性，检查报告、技术总结内容的全面性及正确性，成果资料的齐全性，各类报告、附图（接合图、网图）、附表、簿册整饰的规整性以及资料装帧。

大比例尺地形图质量错漏分类一般分为 A、B、C、D 四类。以下按照质量元素分类对大比例尺地形图质量错漏分类进行详述：

① 数学基础。坐标或高程系统采用错误、独立坐标系统投影计算或改算错误、平面或高程起算点使用错误、图根控制测量精度超限等均属于 A 类错误。

② 平面精度。地物点平面绝对位置中误差超限、相对位置中误差超限等均属于 A 类错误。

③ 高程精度。高程注记点高程中误差超限、等高线高程插求点高程中误差超限等均属于 A 类错误。

④ 数据及结构正确性。数据无法读数或者数据不齐全，文件命名、数据格式错误，属性代码普遍不接边，漏有内容的层或数据层名称错误，其他严重的错漏等均属于 A 类错误；数据组织不正确，部分属性代码不接边，其他较重的错漏属于 B 类错误；个别属性代码不接边，其他一般的错漏属于 C 类错误；其他轻微的错漏属于 D 类错误。

⑤ 地理精度。属于 A 类错误的情形有：一般注记普遍错漏达到 20% 以上；县级以上境界错漏达图上 15 cm；错漏比高在 2 倍等高距以上；图上长度超过 15 cm 的陡坎；漏绘面积超过图上 4 cm² 的二层及以上房屋、6 cm² 的一层房屋；图幅普遍不接边或等级河

流、道路和县级及县级以上境界等要素不接边;存在普遍的综合取舍不合理;地貌表示严重失真;漏绘一组等高线;其他严重的错漏。属于 B 类错误的情形有:双线河、双线道路、乡镇级居民地名称错漏;行政村及以上行政名称错漏;图根点密度、埋石点数量不符合设计或规范要求;一般注记错漏达 10%~20%;有方位意义的重要独立地物错漏;管线(φ30 cm 以上)类别、转折点错漏;高程注记点密度与规定不符;地物、地貌各要素主次不分明、线条不清晰、位置不准确、交代不清楚,造成判读困难;重要地物、地貌符号用错,多数特征位置漏注高程注记;比高在 2 倍等高距以上;图上长度超过 10 cm 的陡坎错漏;自然及人工水体及其主要附属物错漏;较高经济价值的植被图上 15 cm² 错漏;漏绘面积图上 2 cm² 二层及以上房屋,4 cm² 的一层房屋;乡及以上境界错漏达图上 10 cm;主要地物、地貌不接边;漏绘高压线、通信线超过图上 5 cm;漏绘垣栅超过图上 5 cm;标石完好的国家等级控制点,在图上标注错漏;漏绘双线道路或水系超过图上 10 cm;主要地物、地貌明显的综合取舍不合理;其他较重的错漏。属于 C 类错误的情形有:错漏比高在 2 倍等高距以上;图上长度超过 5 cm 的陡坎;双线道路路面材料错漏;水系流向错漏;错漏小片明显特征地貌;漏绘双线道路或水系超过图上 5 cm、双线桥梁及其附属建筑物;错漏较高经济价值的植被达图上 10 cm²;漏绘面积达图上 1 cm² 二层及以上房屋,2 cm² 的一层房屋;漏绘垣栅超过图上 2 cm;自然村及以下地名错漏;楼房层次错;其他一般的错漏。其他轻微的错漏属于 D 类错误。

⑥ 整饰质量。其中属于 A 类错误的有:图名、图号同时错漏;符号、线划、注记规格与图式严重不符;其他严重的错漏。属于 B 类错误的有:图廓整饰明显不符合图式规定;图名或图号错漏;部分符号、线划、注记规格不合图式规定,或压盖普遍;其他较重的错漏。属于 C 类错误的有:图廓整饰不符合图式规定;符号、线划、注记规格不符规定,或压盖较多;漏绘注记、符号;其他一般的错漏。其他轻微的错漏属于 D 类错误。

⑦ 附件质量。其中属于 A 类错误的有:缺主要成果资料;其他严重的错漏。属于 B 类错误的有:缺成果附件资料;缺技术总结或检查报告;上交资料缺项;其他较重的错漏。属于 C 类错误的有:无成果资料清单,或成果资料清单不完整;技术总结、检查报告内容不全;其他一般的错漏。其他轻微的错漏属于 D 类错误。

【知识加油站】常用术语和定义

单位成果——为实施检查与验收而划分的基本单位。

批成果——同一技术设计要求下生产的同一测区的、同一比例尺(或等级)单位成果集合。

批量——批成果中单位成果的数量。

样本——从批成果中抽取的用于评定批成果质量的单位成果集合。

样本量——样本中单位成果的数量。

全数检查——对批成果中全部单位成果逐一进行的检查。

抽样检查——从批成果中抽取一定数量样本进行的检查。

质量元素——说明质量的定量、定性组成部分,即成果满足规定要求和使用目的的基本特性。

质量子元素——质量元素的组成部分,描述质量元素的一个特定方面。

检查项——质量子元素的检查内容,说明质量的最小单位,质量检查和评定的最小实施对象。

详查——对单位成果质量要求的全部检查项进行的检查。

概查——对单位成果质量要求中的部分检查项进行的检查。

错漏——检查项的检查结果与要求存在的差异。根据差异的程度,分为 A、B、C、D四类。A 类:极重要检查项的错漏,或检查项的极严重错漏;B 类:重要检查项的错漏,或检查项的严重错漏;C 类:较重要检查项的错漏,或检查项的较重错漏;D 类:一般检查项的轻微错漏。

高精度检测——检测的技术要求高于生产的技术要求。

同精度检测——检测的技术要求与生产的技术要求相同。

任务 4.2　技术总结

【任务描述】

测绘项目技术总结是在测绘项目完成后,对技术设计书和技术标准、规范执行情况,技术设计方案实施中出现的主要技术问题和处理方法,测绘成果(产品)的质量,新技术的应用以及环境安全影响控制情况等进行分析研究,认真总结,并作出客观描述和评价。测绘项目技术总结是为用户(或下道工序)对成果(产品)的合理使用提供方便,为持续质量改进提供依据,有利于生产技术实现过程和管理水平的提高。同时,也为制订、修订相关技术标准和有关规定积累资料。

【任务实施】

以下从技术总结的分类、测绘技术总结编写的主要依据、测绘技术总结的编写要求、测绘技术总结的编制、项目总结的内容、专业技术总结的主要内容等几个方面介绍测绘技术总结的编制。

1. 技术总结的分类

测绘技术总结分项目总结、专业技术总结和技术小结。

有项目设计的测绘项目应编写项目总结、有专业技术设计的测绘项目应编写专业技术总结。项目总结、专业技术总结的编写依据《测绘技术总结编写规定》(CH/T 1001—2005)执行。

技术小结是指只需要编写技术说明书的项目,经质量检验合格后所编写的一般技术性结论。技术小结编写内容包括对起算数据、作业方法、仪器设备以及成果成图精度、质量等进行评价或说明。

当项目实施环境与安全因素控制出现特殊要求或情况时,应当在技术总结中对本项目所采取的控制措施及其形成的效果做出客观评价。

2. 测绘技术总结编写的主要依据

(1) 测绘任务书或合同的有关要求,顾客书面要求或口头要求的记录,市场的需求或期望。

(2) 测绘技术设计文件,相关的法律、法规、技术标准和规范。

(3) 测绘成果(或产品)的质量检查报告。

(4) 以往测绘技术设计、测绘技术总结提供的信息以及现有生产过程和产品的质量记录和有关数据。

(5) 其他有关文件和资料。

3. 测绘技术总结的编写要求

① 内容真实、全面,重点突出。说明和评价技术要求的执行情况时,不应简单抄录设计书的有关技术要求。应重点说明作业过程中出现的主要技术问题和处理方法、特殊情况的处理及其达到的效果、经验、教训和遗留问题等。

② 文字应简明扼要,公式、数据和图表应准确,名词、术语、符号和计量单位等均应与有关法规和标准一致。

③ 测绘技术总结的幅面、封面格式、字体与字号参见《测绘技术总结编写规定》(CH/T 1001—2005)附录 A。

4. 测绘技术总结的编制

(1) 测绘技术总结的组成

测绘技术总结(包括项目总结和专业技术总结)通常由概述、技术设计执行情况、成果(或产品)质量说明和评价、上交和归档的成果(或产品)及其资料清单四部分组成。

(2) "概述"的主要内容

概要说明测绘任务总的情况。例如,任务来源、目标、工作量等,任务的安排与完成情况,以及作业区概况和已有资料利用情况等。

（3）"技术设计执行情况"的主要内容

主要说明评价测绘技术设计文件和有关的技术标准、规范的执行情况。内容主要包括生产所依据的测绘技术设计文件和有关的技术标准、规范,设计书执行情况以及执行过程中技术性更改情况,生产过程中出现的主要技术问题和处理方法,特殊情况的处理及其达到的效果等,新技术、新方法、新材料等应用情况,经验、教训、遗留问题、改进意见和建议等。

（4）"成果（或产品）质量说明和评价"的主要内容

简要说明及评价测绘成果（或产品）的质量情况（包括必要的精度统计）、产品达到的技术质量指标,并说明其质量检查报告的名称和编号。

（5）"上交和归档的成果（或产品）及其资料清单"的主要内容

分别说明上交和归档成果（或产品）的形式、数量等,以及一并上交和归档的资料文档清单。

5. 项目总结的内容

（1）概述

① 项目来源、内容、目标、工作量,项目的组织和实施,专业测绘任务的划分,内容和相应任务的承担单位,产品交付与接收情况等。

② 项目执行情况:生产任务安排与完成情况,有关的作业定额和作业率,经费执行情况等。

③ 作业区概况和已有资料的利用情况。

（2）技术设计执行情况

① 说明生产所依据的技术性文件,内容包括:项目设计书、项目所包括的全部专业技术设计书、技术设计更改文件、有关的技术标准和规范。

② 说明项目总结所依据的各专业技术总结。

③ 说明和评价项目实施过程中,项目设计书和有关技术标准、规范的执行情况,并说明项目设计书的技术更改情况（包括技术设计更改的内容、原因的说明等）。

④ 重点描述项目实施过程中出现的主要技术问题和处理方法、特殊情况的处理及其达到的效果等。

⑤ 说明项目实施过程中质量保证措施（包括组织管理措施、资源保证措施和质量控制措施以及数据安全措施）的执行情况。

⑥ 当生产过程中采用新技术、新方法、新材料时,应详细描述和总结其应用情况。

⑦ 总结项目实施中的经验,教训（包括重大的缺陷和失败）和遗留问题,并对今后的

生产提出改进意见和建议。

(3) 测绘成果(或产品)质量说明与评价

说明和评价项目最终测绘成果(或产品)的质量情况(包括必要的精度统计)、产品达到的技术指标,并说明最终测绘成果(或产品)的质量检查报告的名称和编号。

(4) 上交和归档测绘成果(或产品)及其资料清单

分别说明上交和归档成果(或产品)的形式、数量等,以及一并上交和归档的资料文档清单,主要包括:

① 测绘成果(或产品)。说明其名称、数量、类型等,当上交成果的数量或范围有变化时需附上交成果分布图。

② 文档资料。包括项目设计书及其有关的设计更改文件、项目总结、质量检查报告,必要时也包括项目所包含的专业技术设计书及其有关的专业设计更改文件和专业技术总结、文档簿(图历簿)以及其他作业过程中形成的重要记录。

③ 其他须上交和归档的资料。

6. 专业技术总结的主要内容

(1) 概述

① 测绘项目的名称、专业测绘任务的来源,专业测绘任务的内容、任务量和目标,产品交付与接收情况等。

② 计划与实际完成情况、作业率的统计。

③ 作业区概况和已有资料的利用情况。

(2) 技术设计执行情况

① 说明专业活动所依据的技术性文件,内容包括:专业技术设计书及其有关的技术设计更改文件,必要时也包括本测绘项目的项目设计书及其设计更改文件;有关的技术标准和规范。

② 说明和评价专业技术活动过程中,专业技术设计文件的执行情况,并重点说明专业测绘生产过程中专业技术设计书的更改情况(包括专业技术设计更改内容、原因的说明等)。

③ 描述专业测绘生产过程中出现的主要技术问题和处理方法、特殊情况的处理及其达到的效果等。

④ 当作业过程中采用新技术、新方法、新材料时,应详细描述和总结其应用情况。

⑤ 总结专业测绘生产中的经验、教训(包括重大的缺陷和失败)和遗留问题,并对今后的生产提出改进意见和建议。

（3）测绘成果（或产品）质量情况

说明和评价测绘成果（或产品）的质量情况（包括必要的精度统计），产品达到的技术指标，并说明测绘成果（或产品）的质量检查报告的名称和编号。

（4）上交测绘成果（或产品）和资料清单

说明上交测绘成果（或产品）和资料的主要内容和形式，主要包括：

① 测绘成果（或产品）。说明其名称、数量、类型等，当上交成果的数量或范围有变化时需附上交成果分布图。

② 文档资料。专业技术设计文件、专业技术总结、检查报告，必要的文档簿（图历簿）以及其他作业过程中形成的重要记录。

③ 其他须上交和归档的资料。

项目四练习

项目五

大比例尺数字测图综合案例

 **项目概述**

完成指定区域内 1∶500 数字地形图,测区通视条件良好,地物、地貌要素齐全,难度适中。测区范围内有 2 个控制点和 1 个检查点,控制点之间可能互不通视,利用 GNSS 流动站在已知点上测量确定坐标系转换参数后测图。对于测区内 GNSS 接收机不能直接测定的地物,需要用全站仪测定。内业编辑成图借助于数字测图软件(CASS 或者 Southmap 软件)完成。

测量及绘图要求:碎部点数据采集模式使用"草图法";按规范要求表示高程注记点,测绘等高线;按图式要求进行点、线、面状地物绘制和文字、数字、符号注记。图廓整饰内容包括:采用任意分幅(四角坐标注记坐标单位为 m,取整至 50 m)、图名、测图比例尺、内图廓线及其四角的坐标注记、外图廓线、坐标系统、高程系统、等高距、图式版本和测图时间。

 项目目标

1. 能利用 GNSS 流动站在已知点上测量确定坐标系转换参数。
2. 能利用 GNSS 接收机确定全站仪的测站点。
3. 能利用 GNSS 接收机和全站仪采集碎部点。
4. 能按照图式要求利用 CASS 软件进行地形图的绘制与编辑。
5. 能根据测图精度和地形图编绘要求完成地形图的检查与验收。

任务 5.1　设计数字测图技术方案

【任务描述】

技术设计是数字测图最基本的工作,主要依据国家有关规范、用户需求、本单位技术力量和仪器设备状况等对数字测图工作进行设计。从硬件配置到数字化成图软件系统的选配,测量方案、测量方法及精度的确定,数据和图形文件的生成及计算机处理,直至各工序之间的密切配合、协调等,以及数字测图的各类成果、数据和图形文件符合规范、图式要求和用户的需要,每一步工作都应在数字测图技术设计的指导下进行。

【任务实施】

下面分别从明确技术设计内容、制定技术方案、编写技术设计书等方面介绍数字测图技术方案的设计。

1. 明确技术设计内容

测量技术方案设计应依据测量任务书提出的数字测图目的、精度、控制点密度、提交的成果和经济指标等,结合规范(规程)规定和仪器设备、技术人员状况,通过现场踏勘,确定加密控制方案、数字测图的方式、野外数字采集的方法以及时间、人员安排等内容。依据这些内容,按照任务描述、作业区自然地理概况、已有资料的分析评价和利用、设计方案、施测组织与保障、安全措施、附件等编写数字测图技术设计书。

2. 制定技术方案

按照本项目的要求,设计方案中需重点考虑人员安排、仪器选择、路线规划、野外数据采集方法、草图绘制、数据传输、成图方法等事项。如图 5-1 所示。

图 5-1　外业数据采集方案设计

3. 编写技术设计书

① 任务概况——主要说明任务来源、目的、任务量、测区范围和作业内容、测图比例尺、采用技术依据以及完成期限等任务基本情况。

② 测区自然地理概况——主要包括测区的地理特征、交通情况、居民地分布情况、水系和植被等要素的分布、主要特征和气候特点等。

③ 已有资料利用情况——根据野外踏勘情况，说明现有成果的全部情况，包括控制点的等级和精度，地形图的比例尺、等高距、施测单位和年代及采用的图式规范、平面和高程系统等。

④ 技术设计依据——说明作业所依据的规范（规程）、图式及有关的技术文件，主要包括测量任务书和有关规程、规范。

⑤ 成果技术指标和规程——包括成果种类形式、坐标系统、高程系统、测图比例尺、成图软件系统及成图规格等。

⑥ 控制测量方案——包括布设各级平面控制点和高程控制点的选点要求、标石规格及编号，控制点施测仪器和测量方法，野外观测时各项技术要求，内业平差计算方法，精度指标等。

⑦ 数字地形图测绘要求——确定数字测图的测图比例尺、基本等高距、地形图采用的分幅与编号方法、图幅大小等，并绘制测图分幅图；确定数据采集、数据处理、图形处理和成果输出等工序的要求。

⑧ 产品检查与验收——包括数字地形图的检测方法、实地检查工作量及要求、自检和互检的方法与要求、各级各类检查结果的处理意见等。

⑨ 测绘成果资料提交——数字测图成果不仅包含最终的地形图图形文件、绘制出的分幅地形图，而且还包含成果说明文件、控制测量成果文件、数据采集原始数据文件、图根点成果文件、碎部点成果文件及图形信息等。

【知识加油站】全野外数字测图要遵循的主要测量规范

1. 测量任务书

测量任务书或测量合同是测量施工单位上级主管部门或合同甲方下达的技术要求文件，包含工程项目或编号、设计阶段及测量目的、测区范围（附图）及工作量、对测量工作的主要技术要求和特殊要求，以及上交资料的种类和时间等。

2. 技术规程与规范

全野外数字测图要遵循的主要测量规范有：

①《工程测量标准》(GB 50026—2020)；

②《城市测量规范》(CJJ/T 8—2011)；

③《国家三、四等水准测量规范》(GB/T 12898—2009);

④《国家基本比例尺地图图式 第 1 部分:1∶500 1∶1000 1∶2000 地形图图式》(GB/T 20257.1—2017);

⑤《全球定位系统(GPS)测量规范》(GB/T 18314—2009);

⑥《1∶500 1∶1000 1∶2000 外业数字测图规程》(GB/T 14912—2017);

⑦《全球定位系统实时动态测量(RTK)技术规范》(CH/T 2009—2010);

⑧《卫星定位城市测量技术标准》(CJJ/T 73—2019);

⑨《1∶500 1∶1000 1∶2000 地形图数字化规范》(GB/T 17160—2008);

⑩《数字测绘成果质量检查与验收》(GB/T 18316—2008);

⑪《测绘成果质量检查与验收》(GB/T 24356—2023)。

【任务小结】

本任务的目的是了解数字测图技术设计编写内容,掌握技术设计书的编写方法。数字测图的技术设计是基本工作,在测图前对整个测图工作做出合理的设计和安排,可以保证数字测图工作的正常实施。

任务 5.2　外业数据采集

【任务描述】

测绘图 5-2 中的指定区域。该区域地物包括建筑物、球场、道路、绿地等,测图面积约 300 m×200 m。其中 K01、K02、K03 等为控制点,要求利用 GNSS 卫星定位接收机与全站仪相结合的方式,按测图要求,用"草图法"完成 1∶500 数字地图的数据采集工作。

控制点坐标如下:

K01	$X=10473.028$ m	$Y=7949.473$ m	$H=5.352$ m
K02	$X=10299.145$ m	$Y=8055.191$ m	$H=5.268$ m
K03	$X=10257.017$ m	$Y=7924.418$ m	$H=5.291$ m

【任务实施】

对于开阔地区以及便于 RTK 定位作业的地物,采用 RTK 技术进行数据采集;对于隐蔽地物及不便于 RTK 定位的地物(如高大建筑物),则利用 RTK 快速建立图根点,用全站仪进行碎部点的数据采集。

任务实施流程如图 5-3 所示。

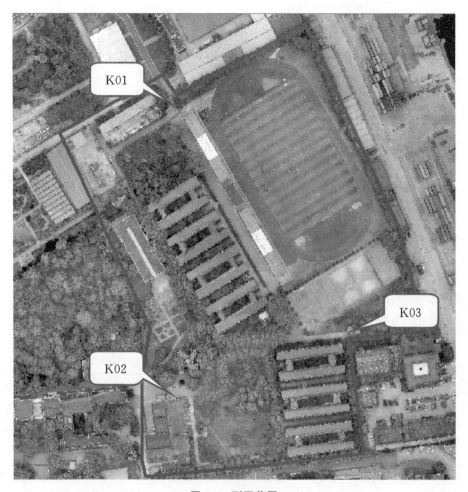

图 5-2　测区范围

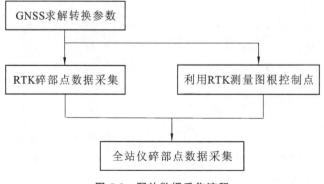

图 5-3　野外数据采集流程

子任务 1　利用 RTK 测量图根控制点

对于卫星信号不稳定区域以及不便于 RTK 定位的地物(如建筑物)而言,则需要利用全站仪进行碎部点的数据采集。全站仪碎部点测量的图根控制点需借助 RTK 来快速确定。

首先根据给定的控制点,选择 K01、K02 求转换参数,利用 K03 进行检核(GNSS 求解转换参数的步骤可参考任务 2.3 的子任务 2)。当手簿显示为固定解后,则可以使用 RTK 测量图根控制点。需要注意的是,图根控制点选好后,应将流动站安置在三脚架上进行图根控制点的采集。

GNSS RTK 图根点测量

1. GNSS RTK 图根点测量的主要技术要求应符合的规定

(1) 图根点标志宜采用木桩、铁桩或其他临时标志,必要时可埋设一定数量的标石。

(2) RTK 图根控制测量可采用单基站 RTK 测量模式,也可采用网络 RTK 测量模式;作业时,有效卫星数不宜少于 6 个,多星座系统有效卫星数不宜少于 7 个,PDOP 值应小于 6,并应采用固定解成果。

(3) RTK 图根点测量时,地心坐标系与地方坐标系转换关系的获取方法可以采用坐标参数转换的方法,也可以在测区现场通过点校正的方法获取。

测区坐标系统转换参数的获取如下:

① 在获取测区坐标系统转换参数时,可以直接利用已知的参数;

② 在没有已知转换参数时,可以自己求解;

③ 2000 国家大地坐标系与参心坐标系(如 1954 年北京坐标系、1980 西安坐标系或地方独立坐标系)转换参数的求解,应采用不少于 3 个点的高等级起算点两套坐标系成果,所选起算点应分布均匀,且能控制整个测区;

④ 转换时应根据测区范围及具体情况,对起算点进行可靠性检验,采用合理的数学模型,进行多种点组合方式分别计算和优选;

⑤ RTK 控制点测量转换参数的求解,不能采用现场点校正的方法进行。

(4) RTK 图根点高程的测定:通过流动站测得的大地高减去流动站的高程异常获得。

(5) 流动站的高程异常可以采用数学拟合方法、似大地水准面精化模型内插等方法获取,也可以在测区现场通过点校正的方法获取。

(6) RTK 平面控制点测量流动站观测时应采用三脚架对中、整平,每次观测历元数应大于 10 个。

(7) RTK 图根点测量平面坐标转换残差不应大于图上 0.07 mm;RTK 图根点测量高程拟合残差不应大于 1/12 等高距。

(8) RTK 图根控制点应进行两次独立测量,点位坐标较差不应大于图上 0.1 mm,高程测量两次测量高程较差不应大于 1/10 基本等高距,各次结果取中数作为最后成果。

2. 平面控制点校核

RTK 测量建立图根控制点后,需对平面控制点进行校核。将全站仪安置在其中一个控制点后,选择较远的控制点标定方向(后视定向),另一控制点作为检核点,算得的检核点平面位置误差不大于 $0.2 \times M \times 10^{-3}$($M$ 为测图比例尺),高程较差不应大于 1/6 等高距。控制点精度合格,则可以继续利用全站仪采集碎部点。

【知识加油站】

利用 RTK 测量布设控制点时应符合下列规定:

(1)同一地区应布设 3 个以上或 2 对以上的 RTK 控制点。

(2)应采用三脚架方式架设天线进行作业,测量过程中仪器的圆气泡应严格稳定居中,对中误差应小于 3 mm。

(3)平面控制点应进行 100% 外业校核,校核可按图形校核或进行同精度导线串测。

(4)天线高应量测至毫米,测前测后应各量测一次,两次较差不应大于 3 mm,并取平均值作为最终成果。接收机中的"天线类型""天线高量取方式"以及"天线高量取位置"等项目设置应和天线高量测时的情况一致。

RTK 测量卫星的状态应符合表 5-1 的规定:

表 5-1   RTK 测量卫星状态应符合的规定

观测窗口状态	截止高度角 15° 以上卫星个数	PDOP 值
良好	≥6	<4
可用	5	≥4 且 ≤6
不可用	<5	>6

【任务小结】

参见图 5-4。

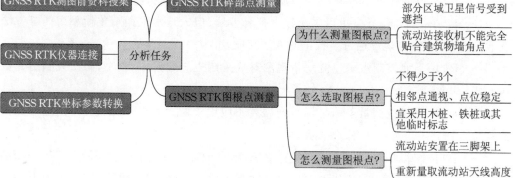

图 5-4   GNSS RTK 图根点测量

子任务 2　地形数据采集

针对测区区域内的地物要素,进行数据采集时需遵循的原则是:

① 点状要素(独立地物)能按比例表示时,应按实际形状采集;不能按比例表示时,应精确测定其定位点或定线点。

视频

独立地物的采集

② 具有多种属性的线状要素(线状地物、面状地物公共边、线状地物与面状地物边界线的重合部分),只采集一次,但应处理好多种属性之间的关系。

③ 进行线状地物采集时,应视其变化测定,适当增加地物点的密度,以保证曲线的准确拟合。

视频

线状地物的采集

1.绘制草图

进入测区后,领尺(镜)员首先对测站周围的地形、地物分布情况大概看一遍,认清方向,绘制含有主要地物、地貌的工作草图,便于观测时在草图上标明所测碎部点的位置及点号。

由于"草图法"是一种"无码作业"方式,所以在测量每个碎部点时,都需要在草图中直观地表示出地物的属性信息和位置信息。跑尺员跑尺过程中,绘制草图的人员必须标注出所测的地物属性及记下所测的点号。测量过程中,与仪器操作人员随时联系,以便保证草图上标注的点号和仪器(手簿或者全站仪)中记录的点号一致。草图绘制需遵循清晰、易读、相对位置准确且比例一致的原则。该区域绘制的部分草图见图5-5。

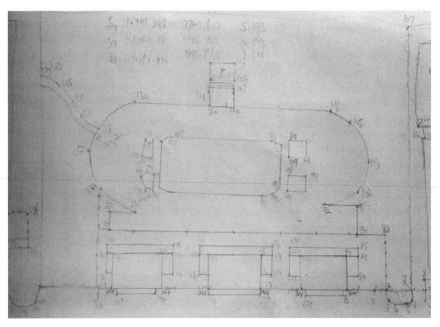

图 5-5　草图

2. 地物、地貌的"跑尺"原则

进行外业数据采集时,需重点把握以下几个方面:

(1)准确合理选择地物、地貌特征点。碎部点采集并非是打点越多越好,重要的是点位的选择是否适当。其中,地物特征点是决定地物形状的地物轮廓线上的转折点、交叉点、弯曲点及独立地物的中心点等。地貌特征点是地性线方向变化和坡度变化的位置。

(2)地物、地貌特征点就是立尺点。测图开始前,工作小组应研究立尺(镜)的位置和跑尺方案。当地物较多时,可以分类跑尺;当地物较少时,可以采用半螺旋形路线跑尺。

信号受遮挡时的测量方法

(3)正确选择地貌特征点。错选和漏测,将使绘出的等高线与实地不符。在地性线明显的地区,可沿地性线在坡度变换点上依次立尺,也可沿等高线跑尺,一般采用"环形线路法"和"迂回线路法"(S形路线)。

(4)进行外业数据采集时,当受障碍物遮挡或者遇到信号不好的情况,可以采用测算结合的方法进行采集。

3. 地物、地貌各要素的取舍原则

针对该测区,利用 RTK 接收机采集空旷区域的碎部点。而对于信号受树木、建筑物等遮挡,而无法得到固定解的区域,则使用全站仪进行碎部点测量(RTK 及全站仪进行碎部点测量的方法可参考项目二)。

地物、地貌各项要素的表示方法和取舍原则,参照现行国家标准《国家基本比例尺地图图式 第 1 部分:1∶500 1∶1000 1∶2000 地形图图式》(GB/T 20257.1—2017)和相关规范执行,下面介绍几种主要的取舍方法:

(1)测量控制点是测绘地形图的主要依据,在图上应准确表示。各等级平面控制点、图根点、水准点应以测点位置符号的几何中心位置,按图式规定符号表示。

(2)居民地的各类建筑物、构筑物及主要附属设施应准确测绘实地外围轮廓并如实反映建筑结构特征。

(3)房屋的轮廓应以墙基外角为准,并按建筑材料和性质分类,注记层数。房屋应逐个表示,临时性房屋可舍去。

(4)建筑物、构筑物轮廓凹凸在图上小于 0.4 mm 时,简单房屋小于 0.6 mm 时,可综合取舍。

(5)围墙、栅栏、栏杆等可根据其永久性、规整性、重要性等综合考虑取舍。

(6)台阶和室外楼梯长度大于图上 3 mm、宽度大于图上 1 mm 的应在图中表示。

(7)永久性门墩、支柱大于图上 1 mm 的依比例实测,小于图上 1 mm 的测量其中心位置,用符号表示。

(8)内部道路按比例实测,宽度小于图上 1 mm 时只测路中线,以小路符号表示。

(9)污水箅子、消防栓、阀门、水龙头、电线箱、电话亭、路灯、检修井均应实测中心位置,以符号表示,必要时标注用途。

（10）当地类界与线状地物重合时,只绘线状地物符号。

（11）沿道路两侧排列的以及其他成行的树木均用"行树"符号表示。符号间距视具体情况可放大或缩小。

（12）斜坡在图上投影宽度小于 2 mm 时,用陡坎符号表示。当坡、坎比高小于 1/2 基本等高距或在图上长度小于 5 mm 时,可不表示。

（13）地貌和土质的测绘,图上应正确表示其形态、类别和分布特征。地形图上应正确反映植被的类别特征和范围分布。

（14）地形图上高程注记点应分布均匀,丘陵地区高程注记点间距为图上 2～3 cm。高程注记点应选在明显地物点或地形特征点上,依据地形类别及地物点和地形点的数量,密度为每 100 cm^2 内 5～20 个。

【知识加油站】坐标转换原理

GNSS 接收机所测的定位成果是 WGS-84 坐标系的坐标,应当转换为国家大地坐标系的坐标。根据 GNSS 接收机在两个控制点上测量得到的 WGS-84 坐标系(B,L)进行坐标转换,方法如下:

（1）将点的 WGS-84 坐标系的大地坐标(B,L),按 WGS-84 参考椭球参数和高斯投影公式换算为 GNSS 高斯平面坐标(x,y)。

（2）利用两个重合点的两套平面坐标值,按照平面坐标系的转换方法求解转换参数。

设 GNSS 高斯平面坐标系与国家大地坐标系原点的平移参数为(x_0,y_0),尺度比参数为 K,坐标系旋转角为 α,点的 GNSS 高斯平面坐标为(x_g,y_g),该点在国家大地坐标系中的平面坐标为(x_d,y_d),则将 GNSS 测得的点的 GNSS 高斯平面坐标转换为国家大地坐标系的坐标,计算公式为:

$$\left.\begin{array}{l} x_d = x_0 + x_g K \cos\alpha - y_g K \sin\alpha \\ y_d = y_0 + x_g K \sin\alpha - y_g K \cos\alpha \end{array}\right\} \tag{5-1}$$

令 $P = K\cos\alpha$,$Q = K\sin\alpha$,得:

$$\left.\begin{array}{l} x_d = x_0 + x_g P - y_g Q \\ y_d = y_0 + x_g Q + y_g P \end{array}\right\} \tag{5-2}$$

利用两个已知点的坐标和 GNSS 测得的 GNSS 点的高斯平面坐标,可求出转换参数 x_0、y_0、P、Q。

【任务小结】

地形数据的采集,可以根据实际的地形情况、使用的仪器和工具选择不同的测量方法。地物、地貌的各项要素的表示方法和取舍原则,应按现行国家标准地形图图式执行,即《国家基本比例尺地图图式 第1部分:1:500 1:1000 1:2000 地形图图式》(GB/T 20257.1—2017)。在地形测量中,跑尺打点是一项重要工作,立尺(镜)点和跑尺线路的选择对地形图的质量和测图效率有直接影响。碎部点测量时,还可以选一些"地物和地貌"的共同点进行立尺(镜)并观测,这样可提高测图工作的效率。

任务5.3 绘制地形图

【任务描述】

野外数据采集完毕,需要将全站仪内存和GNSS手簿中的测量数据传输至计算机。在此之前,需要对GNSS手簿以及全站仪进行设置,以保证与计算机连接时能与其匹配。并且,还需要将测量仪器上的数据格式转换成CASS软件要求的格式。数据传输完成后,利用地形绘图软件(CASS或者Southmap)在"人机交互方式"下进行地形图编辑,生成数字地形图图形文件。

【任务实施】

野外数据采集结束,可以结合野外绘制的"草图",按照图5-6所示流程完成地形图的绘制及编辑。

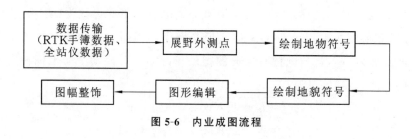

图 5-6 内业成图流程

子任务1 地形图绘制

1. "点号定位法"与"坐标定位法"结合绘制地形图

通常情况下,利用"点号定位"可以方便快捷地绘制地物,但由于外业采用了"测算结合"的方式采集数据(部分隐蔽区域,利用钢尺量取距离),故在此情况下利用"坐标定位"法则更为适用。

（1）定显示区

定显示区的作用是系统根据输入坐标数据文件,自动选取其中 X、Y 坐标的最小点和最大点,即测区的西南角和东北角坐标,定义屏幕显示区域的大小,以保证所有点可见。

（2）展点

将传输到计算机上的坐标数据文件(包括全站仪.dat 和手簿.dat)展绘到 CASS 屏幕界面上。

（3）绘平面图

根据野外作业时绘制的草图,选择 CASS 软件中相应的地形图图式符号,然后在屏幕中将地物绘制出来。系统中所有地形图图式符号都是按照图层来划分的。使用点号定位法绘图时,只需输入点号即可;而坐标定位时,则需通过鼠标捕捉屏幕中正确点位或者直接输入坐标来完成绘图。两种方法可通过快捷键【P】进行切换。

（4）绘制等高线

在地形图中,等高线是表示地貌起伏的一种重要手段。通过"等高线"菜单可以建立数字地面模型(DTM),计算并绘制等高线。利用 CASS 软件绘制等高线,充分考虑了等高线通过地性线和断裂线时情况的处理,如自动切除通过地物、注记、陡坎的等高线。

2. 绘图常用技巧与方法

（1）控制点

在"点号定位"模式下,交互展绘各种测量控制点。点击平面菜单中相应的控制点,按命令行中的提示反复输入控制点。

（2）居民地及设施

① 多点房屋类

【第一点】输入房屋的任意拐点,可用点号直接确定,也可用鼠标或输入坐标确定点位。【输入点】输入房屋的第二个拐点。根据命令栏的提示"闭合 C/隔一闭合 G/隔一点 J/微导线 A/曲线 Q/边长交会 B/回退 U/〈指定点〉",可选某一项进行操作。其中,"Q"即要求输入下一点,然后系统自动在两点间画一条曲线;"G"即将根据给定的最后两点和第一点计算出一个新点;"A"即输入当前点至下一点的左角和距离,输入后将计算出该点并连线,适用于外业采集数据时只知道角度和距离但看不到点的情况,如房角点被树或路灯等障碍物遮挡时。

② 四点房屋类

根据命令栏的提示"1.已知三点/2.已知两点及宽度/3.已知四点〈1〉"进行选择。其中:"已知三点"即依次输入三个房角点;"已知两点及宽度"即依次输入房屋两个房角点和宽度;"已知四点"即依次输入房屋的四个顶点。

架空房屋、廊房、飘楼的绘制

③ 楼梯台阶类

台阶的绘制方法

楼梯和室外台阶的绘制,通常先输入楼梯第一边的起始点,再输入楼梯第一边的终点,然后输入楼梯另一边上起点或任意一点即可完成。对于不规则楼梯来说,根据命令行提示"(1)选择线/(2)画线〈〉"进行操作。通过选择边线,或者画多功能复合线后,将自动生成梯级。

④ 阳台

阳台的绘制方法

檐廊和挑廊的绘制方法

画阳台前应先画出阳台所在房屋。根据提示"(1)已知外端两点/(2)皮尺量算/(3)多功能复合线〈〉",对于规则阳台,通过阳台外端两点来绘制。首先,选择阳台所在房屋的墙壁,然后选取阳台外端第一点,再选择外端第二点,系统会自动从这两点向房屋引垂直线,绘出阳台。如果阳台不规则,这可以选择"3",通过绘制多功能复合线来完成。

⑤ 围墙、栅栏(栏杆)、铁丝网

几种常见的垣栅
的绘制方法

绘制依比例围墙,先根据命令行提示绘制完围墙骨架线后,需再输入围墙的宽度。宽度输入正值在骨架线前进方向的左侧画围墙符号;负值则在右侧画围墙符号。对于不依比例尺的围墙、栅栏、铁丝网等,将骨架线画出即可。

(3)独立地物

面状独立地物的绘制与多点房屋和四点房屋的绘制步骤相同。若绘制点状独立地物,先选取点状地物的图式符号,再用鼠标(或直接输点号)给定其定位点。地物符号有时会随鼠标的移动而旋转,此时按鼠标左键确定其方位即可。

(4)交通

两边平行的道路,根据命令行提示"闭合 C/隔一闭合 G/隔一点 J/微导线 A/曲线 Q/边长交会 B/回退 U/〈指定点〉",按需要选择某项进行操作,当道路的一条边线确定后,出现提示"边点式/边宽式"。"边点式"即用鼠标(或直接输点号)选取道路另一边任一点;"边宽式"即输入道路的宽度以确定道路的另一边。

典型地貌的绘制方法

成图软件中地貌符号的选择方法

(5)地貌土质

自然斜坡通过画坡顶线和坡底线,判断好坡向来绘制。

(6)植被

对于独立树、散树等点状要素,只需用鼠标给定点位即可。地类界、行树、狭长竹林等线状要素,绘制时用鼠标(或输入点号)给定各个拐点,然后根据需要进行拟合。各种园林、地块、花圃等面状要素,绘制时通过绘制边线,然后再根据需要进行拟合即可。

子任务 2　地 物 编 辑

在大比例尺数字测图的过程中,由于实际地形、地物的复杂性,漏测、错测是难以避免的,这时必须要有一套功能强大的图形编辑系统,对所测地图进行屏幕显示和人机交互图形编辑,在保证精度情况下消除相互矛盾的地形、地物,对于漏测或错测的部分,及时进行外业补测或重测。另外,对于地图上的许多文字注记说明,如:道路、河流、街道等也是很重要的。

CASS 软件(Southmap 软件)提供了"编辑"和"地物编辑"两种下拉菜单。其中,"编辑"是由 AutoCAD 提供的编辑功能:图元编辑、删除、断开、延伸、修剪、移动、旋转、比例缩放、复制、偏移拷贝等。

"地物编辑"是由南方 CASS 系统提供的对地物编辑功能:线型换向、植被填充、土质填充、批量删剪、批量缩放、窗口内的图形存盘、多边形内图形存盘等。如图 5-7 所示。

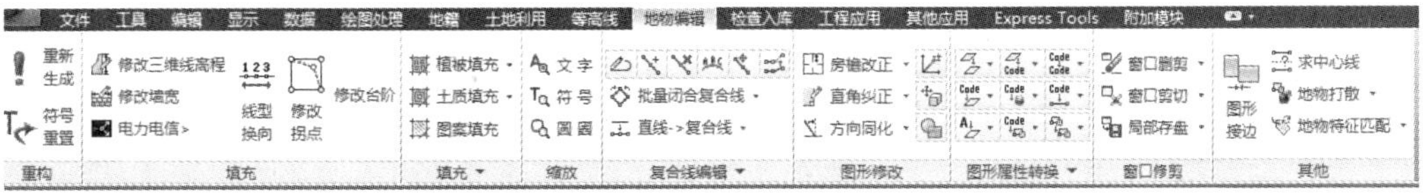

图 5-7　CASS 软件地物编辑菜单

下面介绍一些地物编辑修改方法:

1. 常用的地物编辑方法

(1)重新生成

该功能是将根据图上骨架线重新生成一遍图形,通过这个功能,编辑复杂地物只需编辑其骨架线即可。

调用该功能的方式包括:在地物编辑菜单中选择"重新生成";在工具表中直接选择"重新生成";在命令行输入快捷命令"rr"。然后,按提示选择需重构的实体,直接回车则重新生成图上所有骨架线;输入"S",则为手工选择需重构的实体。

(2)修改台阶

该功能可以实现对复杂台阶的编辑。在地物编辑菜单,选择"修改台阶",按照命令行提示:选择台阶骨架线;然后选择特征点,注意:在骨架线上选择特征点,特征点必须能构成封闭区域。

(3)修改拐点

当骨架线不是两边平行时,该功能可用于修改桥梁等第 10 类地物符号的骨架线拐点。在编辑菜单中选择"修改拐点"后,按命令行提示选择骨架线或对应辅助线。然后输入地物拐点附近 1 点,即可完成骨架线拐点的修改。

（4）电力电信

该功能主要用于绘制电杆附近的电力电信线，包括"画线"和"加线"两种方式。

第1种，画线：根据情况选择输电线、配电线、通信线，比如，此处我们选择了配电线。

命令行提示：给出起始位：在屏幕上选择电杆点位，或输入点位坐标；再选择是否画电杆，选择是，则画出电杆，然后按命令行提示：选定一方向终止点；选定终止点后，则根据起点至终点方向绘制出电力或电信线。

当电力线多于两根时，可使用第2种"加线"功能，按命令行提示：选择电杆，鼠标选取要加线的电杆。给一方向终止点，在电线终止方向点一下绘出箭头符号。

（5）填充功能

植被填充、土质填充、突出房屋填充、图案填充都是在指定区域内填充上适当的符号，但指定区域必须是闭合的复合线，并且填充后均默认保留边界。

（6）符号等分内插

视频

常用的地物编辑方法

该功能用于在两相同符号间按设置的数目进行等距内插。

如在这两个路灯中间等间距分布有3个路灯，选择"符号等分内插"，然后按提示选择一端独立符号，再选择另一端独立符号，接着输入内插符号数，如3，系统将按照输入的数目进行符号内插。

2. 复合线处理

"复合线处理"可以实现对地物线型的批量及个性处理。

① 批量拟合复合线、批量闭合复合线、批量修改复合线高、批量改变复合线宽可以实现对选中的复合线进行批量处理。

② 复合线编辑实现对复合线的线型、线宽、颜色、拟合、闭合等属性进行修改。选取要编辑的复合线，可以看到有多种编辑参数。其中，"C"表示将复合线封闭；"J"表示将多个复合线连接在一起。还可以编辑复合线的顶点、改变复合线宽度、将复合线进行曲线拟合、将复合线进行样条拟合、取消复合线的拟合等。

③ 复合线上加点。该功能是在所选复合线上加一个顶点。选择线的位置即为加点处。

视频

复合线处理

④ 复合线上删点。该功能是在复合线上删除一个顶点，直接选中顶点蓝色节点即可删除。

⑤ 复合线连接。分别可以对相邻的、分离的复合线进行连接。

⑥ 部分偏移拷贝是对复合线上的一部分进行偏移或者拷贝。

⑦ 定宽度多次拷贝。根据命令行提示，选择"由中心向两侧绘"或者"向一侧绘"，选中复合线，输入拷贝的条数，比如3，给出平行线间距，如默认的1 m。

⑧ 中间一段删除。该功能可删除复合线中间的一段，相当于 break 功能。

3. 坐标转换

该功能可实现将图形或数据从一个坐标系转到另外一个坐标系（注意：只限于平面直角坐标系）。要实现坐标转换，需要根据已有的公共点进行四参数或者七参数计算，然后再将计算出的参数应用到待转换的点或数据文件。

坐标转换

坐标转换数据

在坐标转换对话框中，首先读取或输入公共点。既可以选择已有的公共点文件，也可以通过屏幕拾取并添加公共点。然后，计算四参数或者七参数。按实际情况选择转换前的坐标系和转换后的坐标系，并设置中央子午线。需要注意的是，"坐标转换"功能只是对图形或数据进行一个平移、旋转、拉伸，而不是坐标的换带计算。

4. 测站改正

如果外业不慎搞错了测站点或定向点，利用此功能可以进行测站改正。按照提示"请指定纠正前第一点："，输入改正前测站点，也可以是某已知正确位置的特征点，如房角点。提示"请指定纠正

测站改正

测站改正数据

正前第二点："，输入改正前定向点，也可以是另一已知正确位置的特征点。提示"请指定纠正后第一点："，输入测站点或特征点的正确位置。提示"请指定纠正前第二点方向："，输入定向点或特征点的正确位置。提示"请选择要纠正的图形实体："，用鼠标选择图形实体。

系统将自动对选中的图形实体做旋转平移，使其调整到正确位置，之后系统提示输入需要调整和调整后的数据文件名，可自动改正坐标数据。

5. 地物特征匹配

该功能可实现将一个实体的地物特征匹配给另一个实体。选择该命令后，在命令行提示："选择源对象：【设置(S)】"，先输入 S 后确定，弹出特性匹配对话框(图 5-8)。在相应的需要刷的属性内容的复选框里打上钩后确定，然后按照提示选择源对象，再提示选择对象，然后选择被刷的对象实体，确定后就完成了对象的特征匹配。

本功能包含了单个刷和批量刷两种方式。"单个刷"是指一个个地选择被刷的实体对象。"批量刷"是指选择需要被刷的其中一个对象实体后，一次性把该同一类型的对象实体全部刷成功。

图 5-8　特性匹配对话框

6. 地物打散

图 5-9 地物打散菜单

打散独立地块是把图块、多义线等复杂实体分离成简单实体，以便按要求编辑或修改（图 5-9）。打散复杂线型是 CASS 9.2 以上版本软件中特有的功能，因软件中定义了大量测量规范图式中特有的复杂线型，而由这些线型生成的实体在 AutoCAD 中无法显示，故调入 AutoCAD 之前需要把复杂线型打散成 AutoCAD 可以识别的简单线型。

7. 内业编辑注意事项

图形绘制严格按 CASS 成图软件的各菜单命令执行，以保证地物具有图形属性；严格规范图形的逻辑关系、属性编码及图层管理；图形分层、地物编码、线型、文字注记等最好采用软件缺省设置；无编码实体、辅助线、圆要及时删除；不要出现多余结点（多义线上一个点上点了多次），测了重复点的点位一定要注意只用一个点，及时删除多余的点，封闭实体要闭合（Close）；尽量做到一个地物对应一个实体，就是说外业的一个地物内业尽量做成一个整体，比如一个房屋应是一条闭合的多义线；围墙连线方向必须及时弄清，如果反向连接就会直接影响测图精度；性质注记（如房屋楼层结构等）要及时注记。

子任务 3　图 幅 整 饰

针对本项目提出的图廓整饰要求：采用任意分幅（四角坐标注记坐标单位为 m，取整至 50 m）、图名、测图比例尺、内图廓线及其四角的坐标注记、外图廓线、坐标系统、高程系统、等高距、图式版本和测图时间（图上不注记测图单位、接图表、图号、密级、直线比例尺、附注及其作业员信息等内容）。其操作步骤如下。

1. 进行 CASS 参数配置

点击图 5-10 中的"CASS 参数设置"，根据要求，图幅四角坐标注记注记单位为 m，所以将坐标标注小数位数设置为 3；另输入坐标系、高程系统、图式以及测图时间。例如，按照图 5-11 所示配置 CASS 参数。

图 5-10　CASS 参数配置

2.确定任意图幅的尺寸

根据命令行提示"选择任意图框定义方式:(1)原有定义方式/(2)自定义图框两角",选择自定义图框两角,可以先确定图幅左下角,然后确定图幅右上角,出现图5-12的对话框。

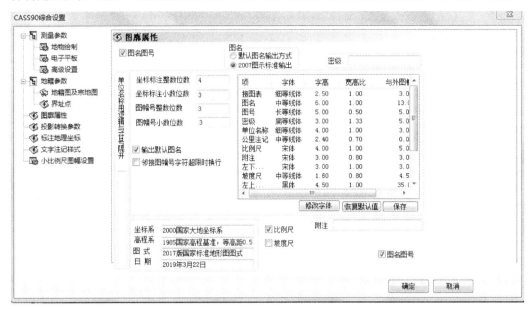

图 5-11　CASS 图廓属性设置

图 5-12　图幅整饰

因为四角坐标注记坐标单位为 m，取整至 50 m，所以需要按照下面步骤进行设置：①取整到 10 m，拾取左下角坐标；捕捉矩形框左下角坐标；②将左下角坐标改为最接近 50 的整倍数（这样才能保证取整到 50 m）。

3. 修饰图幅

本项目要求图上不注记测图单位、接图表、图号、密级、直线比例尺、附注及其作业员信息，故将矩形框删除，另外将多余的接图表、直线比例尺等多余信息删除。

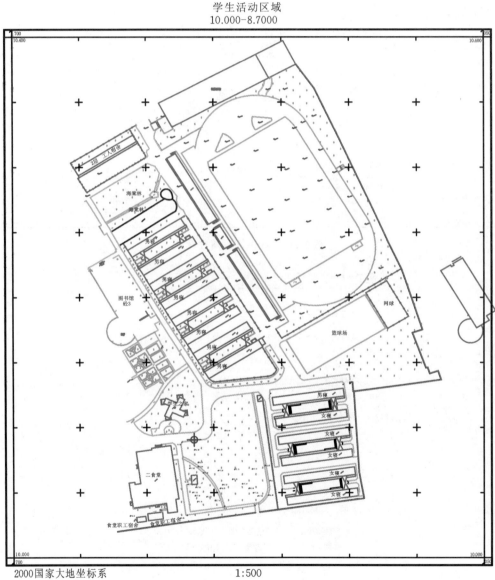

学生活动区域
10.000-8.7000

2000国家大地坐标系
1985国家高程基准，等高距0.5 m
2017版国家基本比例尺地形图图式
2023年5月4日

1:500

图 5-13　地形图成果

【知识加油站】CASS 软件常用快捷命令

视频

地物属性编辑
快捷命令的使用

在各种版本的 CASS 的软件中,均设置有一些可供快捷操作的命令,用户可以通过键盘输入命令进行操作。如表 5-2 所示。

表 5-2　地物绘制快捷命令

类型	快捷命令	功能说明
地物绘制	DD	通用绘图命令
	AA	给实体加地物名
	FF	绘制多点房屋
	SS	绘制四点房屋
	W	绘制围墙
	K	绘制陡坎
	XP	绘制自然斜坡
	G	绘制高程点
	D	绘制电力线
	I	绘制道路
地物编辑	RR	地物重构或重生成
	KK	陡坎修改坎高
	H	线型换向
	Q	房屋直角纠正
属性编辑	V	查看实体属性
	S	加入实体属性
	F	复制实体属性
复合线编辑	X	绘制多功能复合线
	N	批量拟合复合线
	O	批量修改复合线高程值
	WW	批量修改复合线宽
	Y	复合线上加点
	J	连接两段复合线为一体
	B	将分离的两段复合线自由连接,但不连接为一体

【任务小结】

本任务主要目的是在野外数据采集后,利用 RTK 和全站仪采集的数据,使用 CASS 软件绘制平面图、绘制等高线、对地形图进行注记与编辑,最终完成图幅的整饰。由于不同测区外业环境不同,在内业成图过程中,可以利用软件特性,灵活选择"点号定位"与"坐标定位"的方法,可以借助 CASS 软件的快捷命令快速实现地形图的编绘。

任务 5.4　　验收地形图成果

【任务描述】

数字地形图及其有关资料的检查验收工作,是测绘生产中一个不可缺少的重要环节。地形图的检查验收工作,要在测绘人员自己做了充分检查的基础上,提请专门的检查验收组织进行最后总的检查和质量评定。地形图质量检验的依据是相关法律法规,相关国家标准、行业标准、设计书、测绘任务书、合同书和委托检验文件等。

【任务实施】

下面主要介绍地形图成果的检查及技术总结编写的相关内容。成果检查包括数学基础检查、属性检查、图形实体检查、等高线检查等检查项;技术总结编写需明确编写内容等。

子任务 1　　地形图成果检查

1. 数学基础检查

所使用的数字成图软件版本是否正确有效;图廓点、控制点等的坐标是否正确;图名、图幅号命名是否准确且唯一。

2. 属性检查

在计算机上利用成图软件对数字化图中的地形、地物类型与其相应的图层、线型、颜色及连线、注记大小和数据格式的一致性进行检查。

3. 图形实体检查

主要针对图形实体的各项属性检查,实体检查结果可存放在记录文件中,可对检查出的错误进行逐个或批量修改。此项检查可通过 CASS 9.2 的【检查入库】→【图形实体检查】来实现,如图 5-14 所示。

(1) 编码正确性检查,检查地物是否存在编码,类型正确与否。

图 5-14　图形实体检查对话框

（2）属性完整性检查，检查地物的属性值是否完整。

（3）图层正确性检查，检查地物是否按规定的图层放置，防止误操作。

（4）符号线型线宽检查，检查线状地物所使用的线型是否正确。

（5）线自相交检查，检查地物之间是否相交。

（6）高程注记检查，检核高程点图面和高程注记与点位实际的高程是否相符。

（7）建筑物注记检查，检核建筑物图面注记与建筑物实际属性是否相符，如材料和层数。

（8）面状地物封闭检查。可通过自定义"首尾点间限差"，系统自动将没有闭合的面状地物的首尾强行闭合。当首尾点的距离大于限差时，则用新线将首尾点直接相连，否则尾点将合并到首点。

（9）复合线重复点检查，旨在剔除复合线中与相邻点靠太近又对复合线的走向影响不大的点，从而减少文件数据量。

4. 等高线检查

检查等高线是否穿越地物、高程注记是否有错、等高线是否相交等。

针对本项目的要求，最后检查标准如表 5-3 所示。

表 5-3　成果质量检查

检查项目	检查标准
点位精度	检查内容为明显的地物，如房角点、道路的拐点、雨箅中心等。要求点位误差小于 0.15 m
边长精度	检查内容为明显的地物，如房屋的长度、道路的宽度等，要求相邻地物点间距与标准值相比不大于 0.15 m

续表5-3

检查项目	检查标准
高程精度	检查内容为明显的地物,如房屋的散水点、道路的中心。要求高程注记点相对于邻近图根点的高程误差小于测图比例尺基本等高距的1/3(0.15 m)
完整性	图上内容取舍合理
符号和注记	按照图式规范正确使用地形图符号与注记
整饰	地形图整饰应符合规范要求
等高线	等高线不能压盖地物,且与高程不能发生矛盾

子任务2 数字测图技术总结

测图项目完成后,对技术设计书和技术标准的执行情况,对技术方案、作业方法、新技术的应用,成果质量和主要问题的处理等进行分析、研究和总结,编写技术总结报告。

技术总结报告的主要内容包括:

1. 概述

(1)项目名称、任务来源、内容、工作量目标、测图比例尺、生产单位、作业起止日期,任务安排概况。

(2)测区名称、范围、行政隶属、自然地理特征、交通情况、困难类别。

(3)作业技术依据,采用的基准、系统、等高距,投影方法,图幅分幅与编号方法。

(4)计划与实际完成工作量的比较、作业率的统计。

2. 利用已有资料情况

包括资料的来源和利用情况、资料中存在的主要问题及处理方法。

3. 控制测量

(1)平面控制测量应包括平面控制测量所采用的坐标系统、投影带和投影面,作业技术依据及执行情况,首级控制网及加密控制网的等级、起始数据的配置、加密层次及图形结构,点的密度,使用的仪器设备、标石情况,施测方法,数据处理软件及平差计算方法等。

(2)高程控制测量应包括采用的高程控制测量系统,作业技术依据及执行情况,首级高程网及加密网的网形、等级、点位分布密度,使用的仪器、标尺、记录计算工具等,埋石情况,施测方法,视线长度、数据处理及平差计算方法等。

4. 测图作业方法、质量和有关技术数据

包括测图方法,使用仪器型号、规格和特性,仪器检验情况,外业采集数据的内容、密度、记录特征,特殊地物地貌的表示方法,图形接边情况,图形处理所用软件和成果输出的情况。

5. 产品质量情况

说明和评价测绘成果的质量情况,包括产品精度情况、产品达到的技术指标。

6. 上交和归档产品及资料清单

包括控制点分布图及观测手簿、计算手簿,控制测量成果,地形图,地形图拼接图,成果质量统计表等资料,并附资料光盘。

【知识加油站】数字地形图质量评定

1. 数字地形图的质量评定指标

如表 5-4 所示。

表 5-4 数字地形图质量评定指标

一级质量评定指标	二级质量评定指标
基本要求	文件名称、数据格式、数据组织
数学精度	数学精度、平面精度、高程精度、接边精度
属性精度	要素分类与代码的正确性、要素属性值的正确性、属性项类型的完备性、数据分层的正确及完整性、注记的正确性
逻辑一致性	拓扑关系的正确性、多边形闭合、节点匹配
要素的完备性及现势性	要素的完备性、要素采集或更新时间、注记的完整性
整饰质量	线画质量、符号质量、图廓整饰质量
附件质量	文档资料的正确、完整性,元数据文件的正确、完整性

2. 质量评定基本规定

数字测绘产品质量实行优级品、良级品、合格品、不合格品评定制。数字测绘产品质量由生产单位评定,验收单位则通过检验批进行核定。数字测绘产品检验批质量实行合格批、不合格批评定制。

单位产品质量等级的划分标准:

优级品 $N=90 \sim 100$ 分

良级品 $N=75 \sim 89$ 分

合格品 $N=60 \sim 74$ 分

不合格品 $N=0 \sim 59$ 分

检验批质量判定:

(1) 对检验批按规定比例抽取样本,若样本中全部为合格品以上产品,则该检验批判为合格批。

（2）若样本中有不合格产品，则该检验批为一次检验未通过批，应从检验批中再抽取一定比例的样本进行详查。

（3）如样本中仍有不合格产品，则该检验批判为不合格批。

单位产品质量评定方法：

（1）采用百分制表征单位产品的质量水平；

（2）采用缺陷扣分法计算单位产品得分。

缺陷扣分标准：

（1）严重缺陷的缺陷值 42 分；

（2）重缺陷的缺陷值 $12/T$ 分；

（3）轻缺陷的缺陷值 $1/T$ 分。

其中，T 为缺陷值调整系数，根据单位产品的复杂程度而定，一般取值范围为 $0.8\sim$ 1.2。设单位产品由简单至复杂分别为三级、四级或五级，则 T 可分别取为 0.8、1.0、1.2 或 0.8、0.9、1.0、1.1 或 0.8、0.9、1.0、1.1、1.2。

质量评分方法：

每个单位产品得分预置为 x 分，根据缺陷扣分标准对单位产品中出现的缺陷逐个扣分。单位产品得分按下式计算：

$$N = x - 42i - (12/T)j - (1/T)k$$

式中，x 为单位产品预置得分；i 为单位产品中严重缺陷的个数；j 为单位产品中重缺陷的个数；k 为单位产品中轻缺陷的个数；T 为缺陷值调整系数。

生产单位最终检查质量评定时，x 预置得分为 100 分；验收单位进行质量核定时，x 预置得分根据生产单位最终检查评定的质量等级取其最高分，即优级品、良级品、合格品分别为 100 分、89 分、74 分。

【任务小结】

数字测图是一项精度要求高、作业环节多、工序复杂、参与人员多，组织管理都比较困难的系统工程。为了保证数字测图的质量，必须从数字测图项目的准备，到项目结束，实施全过程质量控制。本任务重在对数字测图内业成果进行质量检查与精度评定。

项目五练习

参考文献

1. 刘宗波. 数字测图技术应用教程[M]. 大连:大连理工大学出版社,2019.
2. 陈传胜,张鲜化. 控制测量技术[M]. 2版. 武汉:武汉大学出版社,2023.
3. 李宏超,周荣,陈贺. 数字地形测量[M]. 郑州:黄河水利出版社,2019.
4. 陆珏. GNSS测量技术[M]. 武汉:武汉理工大学出版社,2023.
5. 李金生,唐均,王鹏生. 数字测图技术(智媒体版)[M].成都:西南交通大学出版社,2021.